LES VINS.

Le travail suivant sur les vins est détaché des œuvres gastronomiques d'Antonin Carême, de Paris, le praticien culinaire le plus célèbre de notre âge, celui qui avait vu et exécuté le plus grand nombre de magnifiques dîners : il n'avait pas négligé les petits repas, francs ou fins, et il a donné des règles pour les confectionner tous. Que de connaissances, d'imagination et de goût n'a-t-il pas répandus dans ses solides traités qui ont élevé si haut sa profession ! Leur supériorité est maintenant reconnue de l'Europe entière, attestée par un succès qui n'a fait que croître depuis quinze ans. Ces circonstances nous ont fait accepter avec empressement la tâche d'exposer à leur suite les notions pratiques de l'*Art de soigner et de servir les vins à table*. Ce travail, fruit d'études complètes et longues, malgré sa rapidité, mérite, nous l'espérons, d'être associé aux travaux de A. Carême, d'Appert, de M. Joseph Roques. Les traités de ces deux derniers, connus de tous les praticiens instruits, donnent une importance nouvelle à la collection des principaux ouvrages de Carême si importans pour les chefs de cuisine, maîtres-d'hôtel, officiers de bouche, qui veulent exercer brillamment leur état. Carême y a magnifiquement embrassé l'art tout entier, pratique, dans le *Pâtissier royal* (1), le *Pâtissier pittoresque* (2), le *Cuisinier parisien* (3), le *Maître-d'hôtel français* (4), l'*Art de la cuisine française au xix*e *siècle* (5), dont deux nouveaux volumes, les tomes 4 et 5, achèveront incessamment la

(1) 3e édition, 1841; 2 vol. in-8°, avec 40 planches. — Prix : 16 fr.

(2) 4e édition, 1842; 1 vol. grand in-8°, orné de 126 planches. — 10 fr. 50 c.

(3) Nouvelle édition, 1842; 2 vol. in-8°. ornés de 10 grandes planches (ou doubles) : 16 fr.

(4) La 1re partie, 2 vol. in-8, avec 12 planches : 16 fr. — 2e partie, 3e vol. in-8, avec 12 planches également.

(5) La 3e et *dernière partie*, ou tomes IV et V : 16 fr. — Les deux premières parties contiennent plus de 250 potages gras, plus de 250 potages maigres et poissons, plus de 150 sauces maigres, plus de 150 ragoûts gras et maigres, plus de 50 garnitures, plus de 50 purées, plus de 25 essences, plus de 500 grosses pièces de poissons et un nombre considérable de grosses pièces de boucherie, de volaille, de gibier et autres de porc frais. Ces deux derniers volumes contiennent à-peu-près mille articles, c'est-à-dire la *cuisine parisienne à l'usage de tout le monde*, les entrées (et les petites), les entremets potagers et autres, les rôts au gras et au maigre.

publication. La publication de cette dernière partie, suspendue par la mort de Carême, contient la portion la plus usuelle de la cuisine actuelle, la *Cuisine parisienne au xixe siècle*, à l'usage de tout le monde.

Le *Conservateur* est un travail essentiellement pratique, de la même collection, destiné aux maîtres d'hôtel et aux bonnes ménagères, et contenant sur la conservation des fruits, des légumes et des viandes les notions les plus précises. *Les procédés si simples de M. Appert*, consignés dans la 5e *édition du Livre de tous les Ménages*, y sont réunis aux anciens procédés de conservation : *disposition des fruits dans les fruitiers ; des légumes dans les serres à légumes ; conservation des fruits et des légumes par la dessiccation ; conservation des fruits par le sucre, confitures sèches, confits au sec, candis, pâtes, conserves, confitures liquides, gelées, marmelades, compotes ; conservation par le vinaigre ; par le sel et le vinaigre ; par le sel et la fumée ; salaison des viandes et du poisson ; procédés de conservation des viandes par M. Gannal ; confection des sirops et des liqueurs ;* tous ces sujets sont traités avec clarté dans le *Conservateur*. Il était difficile, dans un travail aussi complet, de passer sous silence les soins à donner aux vins, la manière de les servir et toutes les notions indispensables aux consommateurs ; l'éditeur l'a senti. Aussi, après avoir réuni les recettes les plus estimées pour la préparation des liqueurs, a-t-il voulu consacrer une partie toute spéciale de son livre à la liqueur par excellence. La monographie des vins, troisième et dernière partie du livre, est faite par des hommes qui ne veulent assurément vanter ni l'étendue de leurs connaissances ni leur mérite. Mais ils peuvent et doivent dire que l'étude et le traitement des vins ont occupé toute leur vie et qu'ils ont renfermé dans les pages suivantes des conseils qu'il importe aux consommateurs de lire avec attention.

MANIÈRE DE SOIGNER ET DE SERVIR LES VINS.

Les vins, autrefois la base des dîners dans nos réunions gastronomiques, aujourd'hui négligés, ne sont plus qu'un accessoire dont on s'occupe fort peu. Cependant c'est au bon choix et à la bonne manière de servir cette délicieuse boisson que l'on doit le plus souvent de ne point être incommodé par un copieux repas, de ressentir, au contraire, cette franche gaîté qui a toujours fait les délices des amis de la bonne chère.

A quoi attribuer le peu d'empressement que l'on

LES VINS.

MANIÈRE DE LES SOIGNER ET DE LES SERVIR,

PAR

M. A. JOUBERT,

Représentant, à Paris, des maisons **Barton et Guestier** de Bordeaux ;
Ruinard, père et fils, de Reims ; **Ch. Marey** de Nuits ;
Deinhard et Jordan, de Coblentz ;

ÉTUDE SUR LES VINS FRANÇAIS ET ÉTRANGERS,

PAR M. LOUIS LECLERC ;

CLASSIFICATION DES GRANDS VINS DE BORDEAUX.

EXTRAIT DU CONSERVATEUR,

DE LA COLLECTION DE A. CARÊME.

PARIS,
IMPRIMÉ CHEZ PAUL RENOUARD,
RUE GARANCIÈRE, 5, F. S.-G.
1842.

met maintenant à se procurer de bon vin ? N'est-ce pas aux difficultés que l'on rencontre toutes les fois qu'il s'agit de faire circuler ces liquides et ensuite au peu de bonne foi du commerce.

A Paris, il devient chaque jour plus difficile, non-seulement de se procurer de bons vins, mais encore de les conserver. Il y a à cela plusieurs causes : 1° les maisons sont construites de telle façon que toutes les caves sont en vibration continuelle, ce qui empêche les vins d'y acquérir de la qualité ; 2° il y a dans chacune de ces maisons une si grande quantité d'apparte-mens qu'il est impossible que chaque habitant ait assez de caves pour ne pas réunir tous ses approvi-sionnemens dans le même local, ce qui nuit essen-tiellement aux vins d'une part, et de l'autre facilite les infidélités des serviteurs. Aussi, actuellement, ne trouve-t-on plus de ces caveaux qui faisaient l'or-gueil de nos pères et la joie des bons vivans.

Cet état de choses est bien à regretter chez nous ; car de tous les pays, la France est celui qui pré-sente la situation la plus heureuse. Nul n'offre une aussi grande étendue de vignobles, ni des expositions plus variées ; nul ne présente une aussi étonnante diversité de température.

On dirait que la nature a voulu verser sur le même sol toutes les richesses territoriales, toutes les facul-tés, tous les caractères, tous les tempéramens, com-me pour nous présenter dans le même tableau toutes ses productions.

Depuis la rive du Rhin jusqu'au pied des Pyrénées,

presque partout on cultive la vigne ; et nous trouvons, sur cette vaste étendue, les vins les plus agréables comme les plus spiritueux de l'Europe. Nous les y trouvons avec une telle profusion, que la population de la France ne saurait suffire à leur consommation ; et cependant nous sommes, on peut le dire, de toutes les nations, celle qui attache le moins d'importance à l'emploi et à l'usage raisonné de cet utile et magnifique produit.

Nous espérons que justice sera rendue à nos bons vins, et que le moment de cette heureuse réaction n'est pas éloigné. Il n'est point de bon dîner possible sans des vins bien soignés et servis avec discernement.

Nous ne serons point exclusifs : les uns prétendent que les Bourgognes sont les seuls bons vins ; les autres veulent que ce soient les Bordeaux, etc. Les uns et les autres sont très bons, mais ont des qualités si différentes qu'ils ne peuvent être comparés, ni remplir le même but. Ainsi, sous le rapport hygiénique, le Bordeaux conviendra beaucoup à celui qui aura l'estomac chaud et irritable, et le Bourgogne à celui qui l'aura froid et paresseux ; sous le rapport du bouquet et de l'agrément, ils ont l'un et l'autre leurs défenseurs et leurs détracteurs ; mais le Bordeaux aura toujours l'immense avantage de pouvoir être conservé en tous lieux et en tous pays, très long-temps et avec des soins faciles à lui donner.

Loin de se détériorer, il gagnera en qualité pendant plusieurs années.

Donner ici la nomenclature de tous les vins qui méritent à juste titre de paraître sur les tables bien servies, serait long et fastidieux. Bornons-nous à dire que l'on doit toujours faire en sorte qu'il y ait une transition bien marquée entre les vins d'ordinaire et les vins d'entremets; entre les vins d'entremets et les vins de dessert : sans ce soin, on entendra les convives dire qu'ils préféreraient le premier vin qui leur a été servi, au second et ainsi de suite. La base du service en fait de vins se compose toujours de Bordeaux ou de Bourgogne, et souvent de l'un et de l'autre. Que l'amphitryon les mette tous deux à la disposition de ses convives, c'est fort bien, puisque les goûts et les habitudes ne sont pas les mêmes ; mais il est bien aussi de ne pas commencer avec l'un et finir avec l'autre. Les convives doivent opter entre ces deux vins qui, du reste, l'un comme l'autre, offrent toutes les variétés nécessaires pour les vins d'ordinaire, d'entremets et de dessert.

Si j'engage à ne point prendre alternativement pendant le cours du repas du Bourgogne et du Bordeaux, c'est que, d'une part, la santé peut en souffrir, et que, de l'autre, avec ce mélange, il sera impossible de juger et d'apprécier la qualité des vins; résultat doublement regrettable et pour le convié et pour son amphitryon qui s'est souvent mis en frais pour se procurer d'excellens vins.

L'observation que je fais relativement aux vins de Bourgogne et aux vins de Bordeaux, que j'ai considérés seulement comme base du service, n'a rien de commun avec les vins de Champagne et les vins de liqueur, comme on le verra au chapitre sur la manière de servir les vins.

Du choix des vins et de la manière de les soigner dans les caves. — Le consommateur ne doit jamais acheter des vins nouveaux; ils sont souvent trop difficiles à soigner.

Il faut laisser cette tâche aux propriétaires, ou mieux, aux négocians, qui ont intérêt à ne rien négliger pour arriver à de bons résultats.

D'après cela, je conseillerai de choisir des vins faits, c'est-à-dire vieux et assez mûrs pour être mis en bouteilles peu de temps après avoir été mis en cave.

Lorsque l'on veut faire ses approvisionnemens, l'on doit déguster avec soin.

A la dégustation, les vins doivent être d'un clair fin et brillant, avoir un bouquet agréable, être francs de goûts, c'est-à-dire dégagés de toute espèce de goût de terroir.

Un bon vin prêt à être mis en bouteilles doit toujours être moelleux, avoir du corps sans être dur ou acerbe, et surtout sans avoir du piquant. Lorsque l'on en avale un peu, il doit faire éprouver à la gorge une sensation veloutée.

Quant à la couleur, les vins diffèrent essentiellement entre eux.

Le rouge est en général plus spiritueux, plus léger, plus digestif.

Le blanc fournit moins d'alcool; il est plus diurétique et plus faible; comme il a moins cuvé, il est presque toujours plus gras, plus nutritif, plus gazeux que le rouge.

En choisissant des vins vieux, l'on s'affranchit de soins quelquefois très difficiles à administrer, et l'on a l'avantage d'avoir de suite des vins agréables, qui sont en général toniques et très sains, qui conviennent aux estomacs débiles, aux vieillards, et dans tous les cas où il faut donner de la force. Plus ils sont vieux, moins ils nourrissent, parce que, vieux, ils sont dépouillés de leurs principes vraiment nutritifs, et ne contiennent presque pas d'autres principes que de l'alcool.

Les époques les plus favorables pour faire ses approvisionnemens de vins sont les mois de mars et de septembre. En voici la raison : ces époques sont les meilleures pour les soutirages, et l'on ne doit jamais enlever des vins d'un cellier ou d'une cave sans au préalable les soutirer, c'est-à-dire tirer le vin de dessus la lie, ce qui demande beaucoup de précautions.

La manière de soutirer les vins ne pourra paraître indifférente qu'à ceux qui ne savent pas quel est l'effet de l'air atmosphérique sur ce liquide : en ouvrant la cannelle, en plaçant un robinet à quatre doigts du fond du tonneau, le vin qui s'écoule s'aère, et détermine des mouvemens dans la lie; de sorte que, sous ce double rapport, le vin acquiert de la disposition à s'aigrir. On a obvié à une partie de ces inconvéniens en soutirant le vin à l'aide d'un siphon; le mouvement en est plus doux, et on pénètre par ce moyen à la profondeur qu'on veut, sans jamais agiter la lie. Mais toutes ces méthodes présentent des vices auxquels on a parfaitement remédié à l'aide d'une pompe dont l'usage s'est établi à Bordeaux, en Champagne et dans plusieurs autres pays vignobles.

On a un tuyau de cuir en forme de boyau long de 1 à 2 mètres, d'environ 54 millim. (2 pou.) de diamètre. On adapte aux extrémités des tuyaux de bois, longs d'environ 3 décimètres (9 à 10 pouces), qui vont en diminuant de diamètre vers la pointe; on les assujettit fortement au cuir à l'aide de gros fil; on ôte le tampon de la futaille qu'on veut remplir, et l'on y enchâsse solidement une des extrémités du tuyau; on place un bon robinet à 54 ou 81 millim. (2 ou 3 pouces) du fond de la futaille qu'on veut vider, et on y adapte l'autre extrémité du tuyau.

Par ce seul mécanisme, la moitié du tonneau se vide dans l'autre; il suffit pour cela d'ouvrir le robinet, et on y fait passer le restant par un procédé simple. On a des soufflets d'environ 66 centimètres (2 pieds) de long, compris le manche, et 27 centimètres (10 pouces) de largeur.

Le soufflet pousse l'air par un trou placé à la partie antérieure du petit bout; une petite soupape de cuir s'applique contre le petit trou, et s'y adapte fortement pour empêcher que l'air n'y reflue lorsqu'on ouvre le soufflet; c'est encore à cette extrémité du soufflet qu'on adapte un tuyau de bois perpendiculaire pour conduire l'air en bas; on adapte ce tuyau au bondon, de manière que, lorsqu'on souffle et pousse l'air, on exerce sur le vin une pression qui l'oblige à sortir d'un tonneau pour monter dans l'autre. Lorsqu'on entend un sifflement à la cannelle, on la ferme promptement : c'est une preuve que tout le vin a passé.

Avant de procéder au soutirage du vin, l'on doit choisir avec le plus grand soin la pièce qui doit servir à recevoir le vin, elle doit être exempte de toute mauvaise odeur, parfaitement rincée à deux ou trois eaux, bien égouttée et soufrée.

La manière de soufrer une barrique se borne à suspendre un morceau de mèche soufrée, d'environ 27 millim. (1 pou.) de long, au bout d'un fil de fer; on l'enflamme et on la plonge dans le tonneau qu'on veut remplir; on bouche et on laisse brûler; l'air intérieur se dilate et est chassé avec sifflement par le gaz sulfureux. Lorsque la combustion est terminée on procède au soutirage du vin. Lorsqu'il s'agit de vins de grand prix, il serait convenable, après avoir ôté la lie de la pièce qui le contenait, l'avoir bien rincée et soufrée, comme il a été dit, de remettre le vin dans cette même pièce.

Le soufrage rend d'abord le vin trouble et sa couleur vilaine; mais la couleur se rétablit en peu de temps, et le vin s'éclaircit. Cette opération décolore un peu le vin rouge. Le soufrage a le très précieux avantage de prévenir la dégénération acéteuse.

Du choix des caves. — 1° L'exposition d'une cave doit être au nord; sa température est alors moins variable que lorsque les ouvertures sont tournées vers le midi ;

2° Elle doit être assez profonde pour que la température y soit constamment la même ;

3° L'humidité doit y être constante, sans y être trop forte; l'excès détermine la moisissure des tonneaux, bouchons, etc. La sécheresse dessèche les futailles, les tourmente et fait transsuder le vin ;

4° La lumière doit y être très modérée; une lumière vive dessèche; une obscurité presque absolue pourrit ;

5° La cave doit être à l'abri des secousses. Les brusques agitations, ou les légers trémoussemens déterminés par le passage rapide d'une voiture sur un pavé, remuent la lie, la mêlent avec le vin, l'y retiennent en suspension et provoquent l'acétification. Le tonnerre et tous les mouvemens produits par des secousses déterminent le même effet ;

6° Il faut éloigner d'une cave les bois verts, les vinaigres et toutes les matières qui sont susceptibles de fermentation ;

7° Il faut encore éviter la réverbération du soleil, qui, variant nécessairement la température d'une cave, doit en altérer les propriétés.

D'après cela, une cave doit être creusée à quelques toises sous terre; ses ouvertures doivent être dirigées vers le nord ; elle sera éloignée des rues, chemins, ateliers, égouts, courans, latrines, bûchers, etc.; elle sera recouverte par une voûte.

Du collage des vins. — Le soutirage du vin sépare bien une partie des impuretés, et éloigne par conséquent quelques-unes des causes qui peuvent en altérer la qualité ; mais il reste encore suspendues dans ce fluide des parties dont on ne peut s'emparer que par les opérations suivantes, qu'on appelle collage des vins ou clarification. C'est presque toujours soit avec des blancs d'œufs, soit avec de la colle de poisson que l'on procède à cette clarification. Lorsque c'est avec la colle de poisson on l'emploie comme il suit : on la déroule avec soin, on la coupe par petits morceaux, on la fait tremper dans un peu de vin ; elle se gonfle, se ramollit, forme une masse gluante que l'on étend ensuite jusqu'à ce qu'elle soit assez liquide pour être fouettée avec quelques brins de tiges de balai ou quelques petites branches flexibles réunies en faisceau ; ce liquide fouetté jusqu'à ce qu'il soit devenu écumeux est versé dans le tonneau ; après qu'on en a tiré une assez grande quantité de vin pour permettre d'agiter ce qui reste dans la pièce, sans courir le risque d'en faire répandre ; on agite le vin dans le tonneau à l'aide d'un fouet qui se compose d'une tringle en fer à laquelle on a pratiqué des trous qui se croisent et qui sont garnis de crins très forts. L'on peut remplacer le fouet par un bâton fendu en quatre à l'une de ses extrémités, et en séparant les morceaux les uns des autres à l'aide de petits coins.

L'on opère avec les blancs d'œufs en les battant comme la colle de poisson une fois qu'elle est dissoute. La quantité de blancs d'œufs ou de colle varie à l'infini suivant que les vins sont plus ou moins chargés de couleur, de matières en suspension, et enfin qu'ils sont plus ou moins vieux.

Après avoir fortement agité le vin, ce que l'on appelle le fouetter, l'on remet dans la pièce le vin qui en avait été retiré précédemment et on forme le plein de cette pièce en frappant vigoureusement sur les douves, afin de faire tomber autant que possible l'écume et chasser les bulles d'air. Le collage terminé, l'on place la pièce sur des pièces de bois assez élevées pour n'être point gêné pour la mise en bouteilles, et de façon à ce que le côté opposé à celui où l'on doit mettre la cannelle ou robinet soit d'environ 54 millimètres (2 pouces) plus élevé. Cette précaution a pour but d'éviter l'inconvénient de remuer le vin, lors de la mise en bouteilles, et de le tirer parfaitement clair fin jusqu'à la dernière bouteille.

En plaçant la pièce sur son chantier, soit après le collage, soit lorsque l'on doit le garder long-temps en cave, il est toujours indispensable de mettre la pièce, bonde de côté, c'est-à-dire de la placer de telle façon que la bonde soit couverte par le vin; de cette manière l'on évite que le linge qui entoure la bonde ne se dessèche, ce qui aurait le plus grave inconvénient pour la qualité du vin. Il est bien entendu que lorsque je dis qu'il est indispensable de mettre le vin, bonde de côté, je n'entends parler ici que des vins assez vieux pour ne plus fermenter, et qui pour lors n'ont plus besoin d'ouillages.

Les vins collés doivent rester ainsi au moins quinze jours ou trois semaines avant d'être mis en bouteilles. Si la température de la cave est bonne, c'est-à-dire de 10 à 12 degrés centigrades, il n'y a nul inconvénient à le laisser sous colle un et deux mois. Loin de là, le vin n'en sera que plus limpide et plus brillant et déposera moins en bouteilles.

Si un premier collage ne rendait pas le vin parfaitement clair et limpide au bout d'un mois ou cinq semaines, il faudrait le soutirer dans une autre pièce, le remettre ensuite dans sa pièce après l'avoir bien rincée et soufrée comme je l'ai déjà indiqué, et procéder à un nouveau collage par les mêmes moyens ou par tout autre, car les compositions pour cet objet varient à l'infini : quelquefois on y fait entrer l'amidon, le riz, le lait, le sang de bœuf, et autres substances plus ou moins capables d'envelopper les principes qui troublent le vin.

Dans tous les cas, il faut toujours choisir un temps favorable pour le collage des vins, car, quoiqu'ils puissent travailler en tout temps, il est néanmoins des époques dans l'année auxquelles la fermentation paraît se renouveler d'une manière spéciale ; et c'est surtout lorsque la vigne commence à pousser, lorsqu'elle est en fleurs, et lorsque le raisin se colore. C'est dans ces momens critiques qu'il faut se garder de faire des collages, et qu'il faut surveiller les vins d'une manière particulière ; et l'on pourra prévenir tout mouvement de fermentation en les soutirant et les soufrant, ainsi que nous l'avons indiqué.

De la mise en bouteilles. — La mise en bouteilles est certainement une des opérations les plus essentielles lorsque l'on tient à avoir de bons vins.

Le premier soin est de s'assurer par une dégustation préalable que le vin est parfaitement clair et brillant; sans cette double condition il ne faut point tirer le vin, il y aurait certitude d'avoir dans la bouteille un dépôt très considérable, et, pour certains vins, l'assurance qu'ils se gâteraient.

L'on doit toujours autant que possible consulter le temps avant de mettre des vins en bouteilles : un temps calme, par le vent du nord, est le plus convenable pour cette opération, qui ne doit jamais être faite pendant les temps orageux et de tempêtes.

Avant de procéder à la mise en bouteilles, l'on devra s'assurer que les bouteilles ont été bien nettoyées et rincées à plusieurs eaux; toutes celles qui auraient quelque odeur ou qui auraient servi à contenir de l'huile devront être mises au rebut. Les bouteilles après avoir été rincées seront mises à égoutter et devront être employées vingt-quatre heures après le rinçage. Si l'on attendait trop long-temps, il serait à craindre qu'elles pussent contracter le goût de moisi, où qu'il s'y formât des toiles d'araignée.

Le choix des bouchons est une des parties les plus essentielles de la mise en bouteilles, rien ne peut contribuer davantage à altérer le vin que des bouchons de mauvaise qualité, et cependant il n'est pas rare de voir, surtout à Paris, des personnes pousser la parcimonie, ou pour mieux dire, l'incurie, jusqu'à faire servir des bouchons plusieurs fois et se plaindre ensuite amèrement que le marchand de vin les a trompées, ne réfléchissant pas que des bouchons, qui, après avoir servi, ont été jetés comme chose perdue dans un coin sec ou humide, ont dû prendre un goût acide ou une odeur de moisi capables d'altérer le vin d'une manière très fâcheuse. Sans compter que ces bouchons qui ont dû être percés pour être retirés des bouteilles auxquelles ils ont déjà servis, doivent nécessairement transsuder, autre cause d'altération pour le vin, car il est évident que ce qui sortira par le bouchon fermentera et communiquera à l'intérieur un principe acide et vicieux.

Il est difficile de comprendre une parcimonie aussi étrange, en pensant que l'on peut perdre une bouteille de vin d'un grand prix, pour une économie d'un ou deux centimes. Lorsqu'il ne s'agirait que des vins les plus ordinaires, l'on ne doit jamais employer de vieux bouchons ; les bouchons communs ne coûtent que 1 fr. 25 ou 1 fr. 50 centimes le cent. C'est donc une dépense d'un centime et quart ou un centime et demi pour boucher une bouteille de vin qui coûte 50 ou 60 centimes. Il suffit de quelques bouteilles perdues, et toutes sont au moins altérées, pour faire une perte beaucoup plus considérable que l'économie qui a été faite sur l'achat des bouchons. En choisissant les bouchons, l'on doit observer de prendre un liège qui soit fin, élastique sans être mou, le liège dur ne vaut rien ; il peut faire casser le col de la bouteille. L'on doit bien observer que le liège ne soit pas piqué par les vers, c'est le défaut le plus à craindre, c'est lui qui donne ce goût détestable connu sous le nom de goût de bouchon. J'engagerai toujours à donner la préférence aux bouchons dits demi-longs. Les longs bouchons sont un luxe qui ne signifie rien et qui a le très grave inconvénient de faire gâter beaucoup de vin, en raison de la difficulté qu'il y a de les avoir exempts de piqûres de vers.

Pour procéder au tirage, il faut percer le fond de la pièce à 40 ou 45 millim. (18 ou 20 lignes) au-dessus du jable. Cette opération doit être faite avec précaution afin de cesser d'enfoncer le vilbrequin aussitôt que le vin paraît. L'on doit enfoncer le robinet ou la cannelle à la main ; en frappant, l'on remuerait la lie. La pièce percée et le robinet posé, l'on nettoie bien le bas de la pièce afin qu'il n'y ait plus aucune parcelle de bois qui puisse tomber dans le vin ; l'on place sous le bord de la pièce un petit baquet assez large pour que l'on puisse mettre la bouteille sous le robinet et la retirer sans difficulté. Cela fait, on ébranle un peu la bonde de la pièce, afin de lui donner un peu d'air, ou ce qui vaut mieux, l'on fait un trou à l'aide d'un foret auprès de la bonde. De cette manière l'on évite les secousses qui peuvent faire remonter la lie ; enfin, avant de commencer le tirage, l'on doit laisser couler un peu de vin afin de faire sortir les morceaux de bois qui auraient pu être repoussés dans le tonneau en le perçant.

Cela fait, on place la bouteille de manière qu'elle soit inclinée et retenue par le bec du robinet qui est introduit dans le col. Cette inclinaison a pour but de faire couler le vin contre les parois de la bouteille et d'éviter la mousse qui empêcherait de la remplir d'une manière convenable, ce qui aurait lieu si elle était droite.

Le robinet doit être peu ouvert afin que, le vin coulant doucement, l'on ait le temps nécessaire de boucher une bouteille pendant que l'autre se remplit. Il serait très bien d'avoir deux hommes pour le tirage en bouteilles, cela éviterait que celui qui est chargé de remplir ne fût obligé de fermer et ouvrir le robinet à chaque instant, ce qui est vicieux.

Les bouteilles doivent être remplies de telle façon qu'il y ait toujours environ 27 millim. (1 pouce) de vide entre le bouchon et le liquide.

Les bouteilles doivent être fortement bouchées : pour cela, il faut que le petit bout du bouchon ait peine à entrer à l'orifice de la bouteille ; pour en faciliter l'entrée, on le trempe dans le vin, ensuite on le frappe avec la batte jusqu'à ce qu'il ne fasse plus qu'une saillie de 5 ou 7 millim. (2 ou 3 lignes).

Lorsque le vin ne coule plus que très doucement, il faut incliner la pièce en avant, mais avec la plus grande précaution pour éviter de remuer la lie en inclinant la pièce ; il faut bien se garder de fermer le robinet, il s'introduirait de l'air qui ne manquerait pas de troubler le vin en remontant à sa surface.

Les vins mis en bouteilles, il est indispensable de les mastiquer si l'on veut les conserver long-temps. Cette précaution a pour but de préserver les bouchons

2

d'une pourriture certaine si la cave est humide, et de les garantir des insectes.

Pour faire la quantité de mastic nécessaire pour trois cents bouteilles, l'on fait fondre 1 kilog. et demi (3 liv.) de galipot dans un vase de terre, en y ajoutant environ 120 ou 150 grammes (4 ou 5 onces) de cire vierge ou de suif. L'on doit faire fondre à un feu très modéré et faire attention de retirer du feu lorsqu'il monte, sans cela, l'on courrait le risque, de mettre le feu à la cheminée si le mastic se répandait sur le feu, et le vase dont les parois seraient enduites de mastic, ne pourrait plus servir, par la facilité qu'il aurait de s'enflammer. La cire ou le suif sont d'absolue nécessité pour que le mastic ne soit pas trop sec et cassant; si le mastic était trop gras, il s'attacherait aux mains en touchant les bouteilles. Dans ce cas, on le rend plus sec en faisant une addition de galipot. Lorsque le mastic est fondu, on lui donne la couleur que l'on veut : rouge, en y mettant du vermillon, noire, avec du noir d'ivoire, jaune, avec de l'orpin, verte, avec de l'orpin et du bleu de Prusse, etc.

Pour mastiquer les bouteilles, on trempe le bouchon jusqu'au bourrelet, inclusivement, du col de la bouteille; l'on retire la bouteille en lui faisant faire un mouvement de rotation et on la remet debout. Si le mastic est bien fait, il doit être presque transparent; il faut mettre le moins possible de mastic : une épaisseur d'un demi-millimètre (un quart de ligne) suffit sur le bouchon.

A mon avis, le mastic a de graves inconvéniens :

1° si l'on n'apporte pas la plus grande attention lorsque l'on débouche une bouteille, il est rare qu'il ne tombe pas quelques atomes de mastic dans le vin, soit dans la bouteille, soit dans les verres en servant, ce qui gâte le vin, en lui donnant une fort mauvaise odeur ; pour éviter cet inconvénient, l'on doit toujours avant de déboucher, couper le bouchon et le mastic avec un couteau et bien nettoyer l'orifice de la bouteille avant d'introduire le tire-bouchon ; 2° il se détache toujours quelques parcelles de mastic qui risquent de tacher les parquets et souvent même les vêtemens.

Les capsules sont infiniment préférables au mastic, elles en ont tous les avantages sans en avoir les inconvéniens ; elles sont un peu plus chères, il est vrai ; mais pour des vins de prix cela ne devrait pas être une cause pour ne pas leur donner la préférence qu'elles méritent à juste titre.

Aussitôt que les bouteilles sont mastiquées, l'on doit les mettre dans le caveau, couchées horizontalement, soit dans du sable, soit en les séparant par des lattes. En laissant les bouteilles debout, quelques jours seulement, l'on peut faire gâter le vin ; le bouchon se dessèche, l'air pénètre dans la bouteille, et il se forme à la surface du vin une espèce de crême blanche qui détériore complétement le vin, c'est ce que l'on appelle vin fleuri.

Il ne sera pas hors de propos de faire connaître ici ce qui se passe généralement dans les vins mis en bouteilles, surtout dans les vins de Bordeaux.

2.

Peu de jours après la mise en bouteilles, les vins. éprouvent un travail tel qu'au bout de trois semaines ou un mois ils sont loin d'être aussi bons et aussi agréables qu'à l'époque où ils ont été mis dans le verre; ce travail dure quelquefois plusieurs mois, après quoi ils gagnent même pendant plusieurs années. Il y a des vins de Bordeaux qui, suivant les années, ont été jusqu'à deux et trois ans en bouteilles avant d'avoir acquis toutes leurs qualités distinctives, dans ce cas ce sont des vins qui peuvent être gardés douze ou quinze ans et deviendront chaque année plus remarquables, ce sont presque toujours des vins produits par de très vieilles vignes.

En général, les vins qui acquièrent le plus de bouquet à la bouteille sont ceux qui n'ont pas trop vieilli dans le bois : les vins qui ont séjourné trop longtemps dans les pièces ont été usés par les soutirages : ce sont alors des vins secs qui n'ont plus de moelleux et de velouté, ils gagnent peu à la bouteille; mais aussi ils ne déposent que très peu; et satisfont ceux qui aiment les bouteilles propres à l'intérieur et couvertes de mousse à l'extérieur; comme si l'extérieur pouvait donner une idée de la bonté du vin. Cette vétusté annoncée par la mousse n'atteste qu'une chose, c'est que la bouteille est malpropre et, tout ce qui est ainsi, doit être repoussé d'une table bien servie. Pour que les vins arrivent à leur perfection, il faut qu'ils n'aient pas été mis en bouteilles trop vieux, et dans ce cas, au bout de deux ou trois ans, ils auront déjà commencé à faire un peu de dépôt; que sera-ce donc s'ils y

restent sept, huit, dix ans et plus? il y aura sans
doute des barbares qui auront l'idée de faire remettre
ces vins en pièces, de les faire coller et remettre en
bouteilles, ou tout au moins de les faire transvaser
avec soin dans de nouvelles bouteilles plutôt que de
se donner la peine, chaque fois qu'ils voudront servir ces vins, qui alors sont délicieux, de porter
les bouteilles avec les plus grandes précautions, en
les tenant couchées telles qu'elles étaient dans le
caveau, du caveau à l'office, et de les décanter dans
des carafes dix minutes ou un quart d'heure avant
le repas (1).

Beaucoup de personnes ne veulent pas décanter

(1) L'ouverture du flacon ne doit pas se faire étourdiment; il est
inconcevable, en vérité, que l'on s'en soit tenu pendant des siècles au
vulgaire *tire-bouchons*, sans chercher à perfectionner ce grossier
outil qui, par la force de traction qu'il nécessite, secoue la liqueur
et la trouble. L'attitude d'un serviteur plaçant la bouteille entre ses
cuisses pour arracher le bouchon avec un effort quelquefois très
violent, n'est pas seulement incommode; elle offre encore un danger
fort grave : le flacon peut se briser. Nous avons vu un malheureux
dont la main, mutilée par la fracture du verre, demeurera proba-
blement estropiée toute sa vie. Le tire-bouchons perfectionné est
désormais un instrument indispensable dans tout ménage bien tenu.
Le plus simple, le moins cher et le meilleur que nous connaissions
nous a été donné par un ami qui l'avait reçu d'Angleterre; il sort
de la fabrique *Robert Jones et Son*, de Birmingham. C'est un
cylindre creux dont le rebord plat et saillant est armé de deux
pointes d'acier de 2 centimètres. A l'aide d'une forte vis à poignée,
un tire-bouchons glisse dans le cylindre pour pénétrer dans le
bouchon. Le flacon étant posé debout sur une table, on fait pénétrer les pointes dans le liège, puis le tire-bouchon, et par un simple mouvement de traction circulaire, le liège arrive sans effort,
quelque résistant qu'on puisse le supposer. Quand les couteliers

les vins dans la crainte de leur faire perdre leur arome ; cette crainte est mal fondée. Lorsque cette opération est bien faite, et peu d'instans avant le service, loin d'y perdre ils y gagnent beaucoup, surtout les Bordeaux qui sont naturellement froids et qui ont besoin de la chaleur et du contact de l'air pour que leur arome se volatilise. Dans tous les cas, en admettant qu'il y ait un peu d'arome perdu, ne sera-t-il pas préféra-

français nous doteront-ils de cet instrument, qu'ils pourraient produire à très bon marché ?

La forme du verre ne doit pas être indifférente au véritable amateur. Le gobelet métallique, autrefois objet d'un grand luxe, est depuis long-temps abandonné à l'enfance étourdie qui ne peut le briser, et qui ne s'aperçoit guère de la saveur métallique qu'il donne au vin. L'immense *hanap* des Germains ne saurait convenir aux gens pour qui la quantité est une question fort secondaire. Le gobelet cylindrique n'a aucune élégance, est peu commode et n'a guère d'autre mérite que de se renverser difficilement. Le verre à pied, en honneur chez nos pères, triomphe de nouveau chez leurs enfans du xixe siècle. Sa forme la plus convenable est un cône renversé, de 15 centimètres de hauteur totale. Il doit être taillé à pans et à plat ; nous disons taillé, et non *coulé*, bien que dans l'état neuf l'ornementation du verre coulé puisse être fort élégante ; mais cela se nettoie ensuite difficilement ; nous disons encore taillé *à plat,* parce que les surfaces épaisses et raboteuses offrent un contact désagréable aux lèvres. On ne fera pas au lecteur l'injure de le supposer capable de boire dans du cristal vert, rouge, bleu ou même jaune ; c'est un enfantillage qu'il faut laisser aux Bohémiens ; les verreries et M. Brongniart nous ont doté de cette mode prétentieuse. Ses moindres inconvéniens sont de donner à la plus magnifique liqueur un aspect de jus d'herbes ou de toute autre effroyable médecine. Nous proscrivons également les carafes topazes, opales ou améthystes dans lesquelles beaucoup de gens de mauvais goût osent encore servir les vins dont la couleur est le plus grand charme : l'admirable transparence du cristal n'est-elle point son premier mérite ?

ble d'avoir un vin clair, brillant et agréable sous tous les rapports, au lieu d'un vin trouble louche et épais comme de la moutarde? Quelles que soient les précautions que l'on emploiera pour verser le vin qui n'aura pas été décanté et qui sera vieux de bouteille, il arrivera toujours, d'une part qu'il perdra de sa limpidité, ce qui est bien moins agréable à l'œil, et de l'autre qu'il changera totalement de goût et de saveur. Le vin trouble est pâteux et perd de suite presque toutes ses bonnes qualités.

Un défaut de réflexion a pu seul empêcher jusqu'à ce jour de contracter l'habitude de décanter les vins et faire placer sur des tables magnifiquement servies des bouteilles sales et vilaines qui en détruisent l'harmonie d'une manière si choquante. Ce ne peut être par économie, car en décantant avec soin l'on perd à peine un verre *à Bordeaux* de vin, tandis que, sans cette précaution, l'on en perd quelquefois une demi-bouteille ou les deux tiers d'une bouteille, ce qui n'empêche pas souvent de voir sur la table des verres de vin que les convives ne peuvent boire, tant il est épais et dégoûtant.

Du service des vins. — Le service des vins forme une des parties les plus essentielles d'un repas. De la manière dont ce service sera fait dépendra tout-à-fait le jugement qui sera porté sur les vins, quelles que soient d'ailleurs leurs bonnes qualités. Si l'on néglige les précautions nécessaires pour les porter de la cave à l'office, les soins à leur donner à l'office avant de les servir et le choix du moment le plus opportun pour les faire boire, les vins les plus exquis passeront inaperçus et souvent ne produiront même pas l'effet d'un bon ordinaire. Avant d'indiquer l'ordre du service, je ferai remarquer que les vins rouges de Bordeaux qui sont, comme je l'ai déjà dit, froids, exigent un certain degré de chaleur, sans lequel on ne peut jouir de toutes leurs perfections : cette température doit être au moins de 12° centigrades en hiver et de 14 à 15° en été. Pour obtenir cette température, il suffit en hiver de laisser tremper pendant quelques instans les carafes ou les bouteilles dans de l'eau à 15 ou 16°, et en été de les monter de la cave environ une heure avant de les servir.

L'emploi de l'eau bouillante ou trop chaude peut faire casser les carafes ou trop réchauffer le vin ; placer les carafes devant le feu, et surtout sur un poêle, a le grave inconvénient, si l'on n'y met pas les plus grandes précautions, de chauffer trop le vin, ce qui le rend pâteux et désagréable. Lorsque l'on ne décante pas les vins, il est très dangereux de les réchauffer : la chaleur fait dissoudre le dépôt, et l'on a un vin louche, ce qui le déprécie d'une manière très notable.

Arrivant enfin à la manière de servir les vins pendant le cours des repas, j'engagerai les véritables amateurs, qui voudront jouir de toutes les perfections des vins et qui voudront ne pas être incommodés par la diversité de ceux qui seront offerts, de les

boire dans l'ordre suivant; et d'abord, je suppose
qu'il y a sur la table des vins ordinaires de Bordeaux
et de Bourgogne, afin que chaque convive puisse
suivre ses habitudes et ne pas être incommodé par
des vins trop excitans ou trop froids, et qu'en outre,
à chaque service, les domestiques auront toujours
deux carafes, l'une de Bourgogne et l'autre de Bordeaux, lorsqu'il s'agira d'offrir des vins d'entremets
et de dessert. Cela posé :

Après le potage, l'on devra servir un verre de vin
de Madère ou de Xérès, avec d'excellent Sauterne ou
Barsac. Pendant les huîtres, les vins blancs de Sauterne ou de Graves, avec les vins de Pouilly, ou
de Chablis. Il est bien entendu que les verres devront être changés toutes les fois que l'on changera les vins; sans cela, il y aurait une confusion
d'aromes qui empêcherait d'apprécier les vins. Ce
qui facilite beaucoup le service, c'est, au lieu de
changer les verres, de placer à côté de chaque convive un vase plein d'eau, dans lequel l'on renverse
son verre chaque fois qu'il a été vidé. Après les hui-
tres, un verre de Madère ou de Sauterne ferait bien.
Pendant le cours du premier service, l'on doit offrir
des vins de deuxième classe, ou crû, c'est-à-dire, en
fait de Bourgogne, des vins, second crû, de Volnay,
Nuits, Beaune, Pomard, etc., et en Bordeaux, des
Léoville, Mouton, Rauzan, etc. Au rôti, le vin de
Champagne est parfait, et peut être bu impunément.
Viennent ensuite les entremets, avec lesquels seront
servis les vins de premiers crûs, c'est-à-dire les La-

tour, Château-Margaux, Laffitte, etc., en Bordeaux;
et les Clos-Vougeot, Chambertin, Romanée-Conti,
etc., en Bourgogne. Ces vins sont continués pendant
le dessert, en y ajoutant des vins sucrés, tels que les
excellens Tokay-Princesse, les Rivesaltes, Lunel, etc.;
mais ces derniers sont plus particulièrement pour les
dames.

Quelques personnes conservent l'usage du coup du
milieu : dans ce cas, l'on doit offrir à la fin du premier
service du Madère, du vieux Cognac ou du rhum.

ÉTUDE SUR LES VINS FRANÇAIS ET ÉTRANGERS. (1)

L'acception la plus générale du mot *vin* doit être
prise dans le sens de tout liquide fermenté provenant
d'une baie, d'un fruit, et servant de boisson. Dans le
sens particulier dont il doit être ici exclusivement
question, le vin est le jus du fruit de la vigne.

La science chimique s'est peu occupée encore de

(1) Cette étude est textuellement extraite du *Dictionnaire du
commerce et des marchandises*, publié par MM. Guillaumin
et Comp. (deux beaux volumes in-4°. Prix 42 francs. Passage des
Panoramas, galerie de la Bourse, 5). Il nous a semblé que ce travail
complet, bien que très résumé, sur l'état actuel de l'industrie œnologique; que les opinions consciencieuses et les doctrines très sa-
ges qui y sont exprimées, compléteraient un livre tel que celui que
nous publions. MM. les éditeurs et l'auteur ont droit à nos remer-
cimens pour la courtoisie avec laquelle ils ont consenti à ce que
nous fissions cet emprunt au *Dictionnaire du commerce et des
marchandises*, l'un des ouvrages les plus considérables les plus
utiles, les mieux faits qu'on ait publiés dans ce siècle.

cette liqueur précieuse, elle en a seulement constaté les principaux élémens, dont les proportions, variées à l'infini, constituent, avec les influences mystérieuses du sol, les dissemblances dans la nature des cépages, et les pratiques en général très routinières de la vinification, l'immense et féconde famille des vins qui se consomment sur le globe, et qui donnent lieu à l'une des branches les plus brillantes du commerce des nations. Les élémens principaux qui composent le vin bien fait, en bon ordinaire, sont: l'eau, l'alcool, le sucre, le gluten ou mucilage, l'acide tartrique et la matière colorante. L'acide carbonique est à l'état de solution dans les vins mousseux; il s'en dégage quand on ouvre le vase.

Voici le tableau de la quantité d'alcool contenue dans les vins les plus précieux; comme on ajoute souvent de l'alcool à ces vins, il serait facile de reconnaître jusqu'à un certain point la dose additionnelle.

Bordeaux, sur 100 parties .	13	Ermitage blanc sur 100 part.		17
Bourgogne,	*id.*. . .	14	Ermitage rouge,	*id.* . .	12
Champagne,	*id.*. . .	11	Madère,	*id.* , . .	20
Constance,	*id.*. . .	19	Malaga,	*id.* . .	17
Frontign., Lunel, *id.*. . .	11	Porto,	*id.* . .	24
Côte-Rôtie,	*id.*. . .	12	Tokay,	*id.* . .	10

Mais il faut bien avouer qu'il est impossible de donner la proportion régulière de ces élémens; elle est dérangée sans cesse par la différence d'un seul degré de latitude, par une exposition plus ou moins heureuse, une culture mieux calculée, un peu plus d'intelligence chez le vigneron. Aussi n'est-il pas rare de trouver des différences énormes de qualités, et conséquemment de valeur, dans le produit de deux vignes contiguës.

La vérité de ce fait, plus frappant dans la production œnologique que dans toutes les autres classes d'industrie, où les procédés ont tendance à devenir uniformes, et à donner ainsi des résultats à-peu-près identiques, rend très vague l'appréciation des qualités des vins, même dans chaque vignoble. En se maintenant dans les caractères généraux, on ne reste encore vrai que pour un petit nombre de liquides très renommés ; et si l'on ajoute à cela les différences de température d'une année à l'autre, on comprendra combien est difficile l'art de la dégustation. Aussi les habiles dégustateurs sont-ils fort rares, et tel qui étale à cet égard de grandes prétentions, tombe, à l'épreuve, dans des bévues plaisantes quand elles ne sont grossières. Pour déguster les vins et eaux-de-vie avec supériorité, il faut tout d'abord être pourvu d'une certaine sagacité dans l'organe de la vue, afin de bien saisir la couleur du liquide, partie importante de ses perfections, et qui résulte de mille influences d'espèce, d'âge, de culture et de vinification ; puis l'odorat entre en jeu, et quelle finesse, quelle subtilité pour discerner les effluves délicats qui se croisent, se mêlent et se dominent tour à tour ! Le goût vient enfin juger en dernier ressort et donner une réponse décisive, quand la langue, le palais et l'arrière-bouche ont été rigoureusement interrogés. On ne saurait donc atteindre un certain talent dans la dégustation sans être doué d'une aptitude toute spéciale, et sans se livrer à de longues études qu'il serait encore nécessaires de borner à un ordre limité de vins. Ces observations ont plus de gravité, commercialement parlant, qu'on ne pourrait le croire au premier abord ; elles tendent à démontrer la nécessité, pour tout homme qui se voue au commerce de ces précieux liquides, de s'exercer long-temps et attentivement à l'art de la dégustation, puisque l'erreur peut compromettre en certaines circonstances sa clientèle et sa réputation ; elles expliquent ensuite comment on se fie à l'étiquette, et comment tant de drogues impertinentes usurpent sur les tables les plus splendides et avec une impunité ruineuse pour le commerce loyal, aussi bien que pour la renommée des grands vignobles, le nom des vins les plus estimés des vrais connaisseurs.

Le commerce des vins est énorme; il est impossible de l'évaluer avec quelque vraisemblance dans son ensemble, et ce n'est qu'avec une grande réserve que l'on doit accueillir des chiffres, en général fort hasardés, sur chaque pays de production. Si la science de la statistique a fait quelques progrès incontestables, elle est très arriérée, et le sera longtemps encore en matière industrielle et commerciale pour les articles de grande consommation à l'intérieur. Le commerce des vins est énorme, disons-nous; mais il n'est pas ce qu'il pourrait, ce qu'il devrait être, et sur ce point comme sur beaucoup d'autres , les institutions commerciales, basées encore sur de déplorables erreurs, se sont attaquées à la nature, ont gêné le travail industriel, imposé de douloureuses privations, et fomenté comme à plaisir des passions ignobles. Nous ne déclamons pas ; nous ne prétendons ici qu'affirmer une vérité simple, suffisamment démontrée par l'économie politique et les faits.

1° La nature a richement doté certains climats, le nôtre en particulier, d'une admirable puissance de production vinicole. Sur beaucoup de points du globe on récolte des vins d'un mérite incontestable, qu'une sotte jalousie nationale ne nous fait point abaisser, mais cependant qui fatiguent en général l'organe du goût, et qui impriment au système nerveux une excitation souvent dangereuse ; tantôt c'est une âpreté extrême qu'on leur reproche, tantôt la saveur affadie que cause la surabondance de la matière sucrée et l'épaisseur du liquide, tantôt la violence qu'entraîne l'excès d'alcool. En France, ce sont des variétés innombrables qui répondent à toutes les fantaisies du goût le plus capricieux ; c'est une belle couleur, une limpidité généralement irréprochable ; sève, finesse, moelleux, bouquet, arome délicat et léger, gracieux parfum qui flatte, qui charme et séduit les sens, et rarement les trouble quand l'abus ne vient s'en mêler. Les vins de France bien faits ont très peu de rivaux ; la nature a tout prodigué à la France de ce côté, et pourtant la France, qui pourrait consommer et vendre 100 millions d'hectolitres de vin, n'en produit qu'un peu plus du tiers de cette somme. On cherche, au moyen des lois dites *de protection*, à créer de la main-d'œuvre pour la classe ouvrière, et quelle masse de travail ne supposerait pas une production telle dans une industrie si paisible d'ailleurs, où il faut labourer sans cesse, fumer, planter et replanter, tailler, émonder, attacher ; puis poursuivre les insectes nuisibles, récolter le fruit, le transporter, presser, clarifier, transvaser ! puis encore la construction des fûts, le transport des liquides, et mille soins de toute nature à leur donner ; que d'ouvriers occupés à tout cela, que d'agens intermédiaires, quel mouvement imprimé aux affaires et aux capitaux ! Cette industrie vraiment naturelle, véritablement nationale, a été sacrifiée à des industries artificielles élevées pour ainsi dire en serre chaude, et qui donnent souvent naissance à de grands embarras politiques.

2° L'usage du vin n'est pas seulement agréable, il est utile ; il peut être considéré comme hygiéniquement indispensable, aux lieux surtout où la civilisation s'est concentrée, et conséquemment où les hommes ont pris des habitudes de station et de travail peu en harmonie avec un état normal de la puissance digestive. Le vin est un puissant tonique ; son action sur nos organes leur imprime de l'énergie, elle favorise singulièrement leur jeu, et l'instinct populaire qui veut y puiser de la force, mais qui n'y trouve trop souvent que faiblesse et dégradation par suite de l'excès et des qualités mauvaises, ne prouve-t-il pas la nécessité de l'usage ? La passion du vin n'est guère le triste apanage que de ceux qui ne peuvent en faire une consommation régulière et domestique. *Un tiers des Français ne boit point de vin*, un autre tiers n'en consomme que de mauvais, accidentellement et comme débauche ; l'autre tiers voit rarement sur sa table des vins francs et naturels, c'est-à-dire salubres et bienfaisans. Qu'on juge de ce qui se passe en pays étranger, et que l'on dise ensuite ce que serait *le commerce* des vins s'il eût été, nous ne disons pas *favorisé*, c'était, ce serait encore fort inutile, mais laissé à sa libre action, à son développement naturel !

On classe les vins en deux ordres fort distincts, les *vins secs*, et les *vins sucrés* ou *vins de liqueurs ;* ceux-ci, récoltés sous une température plus élevée, lorsque le fruit est à demi séché, contiennent moins d'eau, plus de sucre, et développent un parfum plus prononcé ; ils offrent une consistance en quelque sorte sirupeuse, et une douceur qui les rend en effet plutôt *liqueur* d'agrément qu'aliment de grande consommation. Les vins secs sont plus dépouillés, plus limpides, la matière sucrée n'y domine pas ; la saveur est légèrement astringente ; le bouquet plus léger, plus fin en général, est de toutes leurs perfections la plus recherchée des connaisseurs. Dans la couleur, le rouge qui s'écarte des teintes violacées pour se rapprocher du grenat, et, en vieillissant, de la nuance un peu jaunâtre dite *paillée,* est le plus parfait. Pour le vin blanc, on voudrait en quelque sorte absence de couleur, bien que des liquides excellens en ce genre soient d'un jaune très prononcé : l'*Arbois*, par exemple, désigné souvent par la dénomination de *vin jaune*. Le vin *rosé* offre une teinte légère et gracieuse qui se donne par artifice et sans inconvénient avec la baie du sureau. Le *bouquet* ou arome est l'effet d'une cause peu connue encore ; on l'attribue à une huile essentielle odorante contenue dans le liquide, et qui se volatilise sous une température un peu élevée. Beaucoup de vins dont le bouquet est délicieux et délicat, les Bordeaux fins, par exemple, sont souvent très mal jugés, parce qu'on les goûte au sortir d'une cave trop fraîche. Quand le liquide en vaut la peine, il faut l'étudier très attentivement sous ce rapport, car certains vins éprouvent une sorte de transformation remarquable après un quart d'heure de séjour dans le verre. Pour ce qui est du bouquet donné artificiellement à l'aide de substances odorantes, il constitue une falsification en matière commerciale ; mais cela se réduit à une puérilité fort innocente, lorsque les choses ne dépassent pas la consommation personnelle du producteur. Nos pères saturaient leurs vins de romarin et de sauge ; ils les voulaient fortement *épicés*. Le vin est *corsé*, il a *du corps*, lorsqu'à une couleur prononcée il joint une grande force vineuse, et parle énergiquement au palais. On le dit *droit en goût*, quand il n'a rien emprunté aux mélanges, et *franc de goût*, lorsque le terroir, les fûts, le contact prolongé avec l'air atmosphérique ne lui en ont donné aucun qui soit étranger à sa nature. Il faut donc une grande délicatesse d'organes, et

une longue expérience pour prononcer un jugement très sûr en fait de franchise ou de droiture
de goût ! La *générosité* doit s'entendre d'une richesse
de perfections telles, qu'elle produit un sentiment
de bien-être, un effet sensiblement tonique, avec une
quantité de liquide même très faible. Un vin généreux relève presque instantanément les forces épui-
sées par une fatigue extrême; on en donnait autrefois aux malades. La Boëthie, philosophe ami de
Montaigne, affaibli par une maladie aiguë des intes-
tins, buvait du vin généreux à pleine tasse, et pé-
rissait ainsi à trente ans. Un vin est dit *liquoreux*
quand il a conservé une agréable douceur que ne
combat pas la présence marquée du tannin ; dans cet
état, en agitant le verre, on voit le vin couler lente-
ment et par petites larmes sur les parois du vase.
Les vins *moelleux* glissent en quelque sorte sur le
palais et la langue, et n'y laissent aucune saveur styptique, comme font les vins *durs*. Les *nerveux* ont
leurs principes constitutifs si bien équilibrés, qu'ils
résistent bien aux secousses du transport, et aux influences atmosphériques funestes aux liquides trop
délicats. La *sève*, confondue par Julien et par quelques amateurs avec l'*arome* et le *bouquet*, désigne
dans un vin bien fait et bien traité cette énergie sa-
voureuse produite par un ensemble immédiatement
appréciable de perfections; elle est sentie à l'arrière-
bouche, avant que les diverses qualités ne s'y dé-
taillent, si l'on peut s'exprimer ainsi. Quant au *soyeux*,
au *velouté* des vins, ce sont des termes de dandysme

œnologique dont les commerçans font peu d'usage. C'est *le fin du fin* à la manière d'un célèbre gourmet qui, résumant un jour son opinion sur d'excellente Malvoisie, s'écriait les yeux au ciel : *C'est du satin, c'est du velours en bouteille!* Ajoutons que les vins naturels et se portant bien, ne contenant aucune substance ajoutée, surtout n'ayant que leur alcool produit par la fermentation, laissent la bouche fraîche, sans aucun sentiment d'ardeur. Tout vin qui ne remplit pas cette dernière condition est *nuisible*, il doit être proscrit de la table des gens de goût.

Il n'entre pas dans notre plan de traiter des maladies du vin ; on a hasardé beaucoup d'explications qui n'expliquent guère les choses, et on a proposé des moyens curatifs qui guérissent peu quand ils ne rendent pas plus malade. La *thérapeutique* des vins n'existera que quand la science se sera livrée à la profonde décomposition des liquides, et à l'étude habile des fonctions qu'exerce chaque élément constitutif; après quoi il faudra encore tenir compte du *tempérament*, de l'*âge*, etc. Cela serait toutefois d'une haute importance pour le commerce exposé à de grandes pertes par l'altération souvent subite de vins fort précieux. L'aigreur ou *acescence*, ou *acétification*, l'amertume appelée vulgairement *pousse* dans les pays vignobles, et la décomposition putride, telles sont les trois maladies les plus fréquentes. L'*amertume* devient un véritable fléau en France, et détruit d'énormes valeurs dans les départemens de la rive gauche de la Loire et dans la Bourgogne. Cette grande

et magnifique contrée vinicole a vu son exportation
diminuée et presque anéantie par suite de l'amertume
que prennent ses admirables vins dans le transport,
et nous avons entendu dire à un riche négociant, que
la Bourgogne donnerait 1,000,000 en échange d'un
préservatif sûr contre l'amertume. Il est certain que
cette maladie concourt avec beaucoup d'autres causes
à faire déchoir la production, quant aux qualités
fines et de haut prix. Peut-être la fumure exagérée,
peut-être l'abus du *procédé* ou introduction excessive
du sucre dans la vinification, ont-ils une grande part
dans le mal signalé en Bourgogne, particulièrement
pour les vins de la Côte et ceux de Nuits ; peut-être
pour le Berry serait-il temps d'arriver à une réno-
vation des vignobles, en substituant d'autres variétés
plus vigoureuses aux cépages usés par une longue
production.

La géographie des vins a été tentée plusieurs fois,
mais toujours avec peu de succès, faute de notions
exactes. Comment aurions-nous des connaissances
bien certaines de la production étrangère, lorsque la
nôtre même nous est inconnue sous beaucoup de
rapports ? On fait en France des vins du plus haut mérite qui sont parfaitement ignorés, et qui servent ob-
scurément, dans les manipulations locales, à corriger les qualités inférieures. Nous nous bornerons
donc à tracer un tableau rapide des vins étrangers
qui ont quelque importance commerciale, en indiquant leurs caractères dominans, après quoi nous
parcourrons rapidement la France, pour y recon-

naître les produits qui méritent le plus d'attention ; prévenant encore une fois le lecteur qu'il ne doit attacher aux chiffres que nous donnerons avec mesure, que cette foi accordée à ce qui a été choisi avec soin et examiné avec une attention fort sévère.

Indépendamment du froid et de la chaleur extrêmes qui repoussent toute culture de la vigne, il existe encore entre cet arbuste et la fécondité du sol un lien mystérieux qui, à latitude égale, à parité d'exposition, avec des élémens terrestres en apparence semblables, et enfin avec les mêmes espèces, donne ici d'abondantes et parfaites récoltes, tandis que là on s'épuiserait en vains efforts pour obtenir autre chose que de très mauvais raisins. Cependant les difficultés ont été vaincues, nous devons l'avouer, où jamais on ne l'aurait tenté, si les produits des lieux favorisés par la nature eussent pu être achetés facilement et librement ; et il suit de là que le commerce d'exportation des vins de France, au lieu de se calculer par centaines de millions de francs, se réduit environ à la minime et bien triste somme de 47,000,000 fr. C'est un malheur difficilement réparable, parce que les peuples reviennent rarement sur les habitudes prises.

VINS ÉTRANGERS. EUROPE. — *Espagne.* — Le pays le plus fécond en beaux vins en Europe, après la France, est la péninsule espagnole. L'Espagne a d'admirables vignobles dont le mérite, à l'exception de quelques variétés célèbres, ne nous est que très va-

guement connu. La vinification s'y fait mal en général; le traitement du liquide est ensuite plus mal suivi
encore, et la peau de bouc, vase vinaire commode
peut-être pour le transport fort difficile dans les
montagnes et sur des chemins praticables aux mulets
seulement, donne au vin une saveur putride fort
repoussante. Cependant on trouve en Espagne des
vins qui ont de riches qualités, et qui donnent matière à un beau commerce; ils sont pour la plupart
sucrés et toniques; ils ont de la finesse et du parfum,
mais presque tous manquent de légèreté, et aucun
n'est tout-à-fait inoffensif. En Navarre, les environs
de *Peralta* donnent un *rancio* délicieux dont il s'exporte très peu. En Aragon, les *Grenaches*, riche
et brillante famille qui est venue peupler quelques-
uns de nos départemens pyrénéens, et qu'on prise
beaucoup à Paris. La Catalogne a des vins dits *Malvoisie*, très agréables; on en envoie à l'étranger. Le vin
de *Valdepeñas*, dans la *Nouvelle-Castille*, est en
grand renom par toute l'Espagne et en Angleterre,
qui préfère le Valdepeñas rouge. *Fuencaral* produit
d'excellent muscat. Sous le nom d'*Alicante*, il faut
comprendre des vins fort remarquables qui se ré-
coltent dans les fertiles provinces de Valence et
Murcie, et dont il se fait une riche exportation. Ils
sont corsés et généreux, leur parfum est exquis;
mais l'ardeur du climat leur communique une saveur sucrée de fruit cuit et une énergie alcoolique
s'écartant beaucoup du type de perfection qui rend
les vins d'un usage inoffensif : aussi les bons vins

dits d'Alicante , comme ceux de *Malaga*, ne se prennent qu'à petits verres, et comme *liqueur*. Il est
difficile de s'en procurer d'authentiques, car on les
mélange, et souvent on les falsifie dans le pays même.
Il se consomme dans les cafés d'Europe cent fois
plus d'*Alicante* et de *Malaga* que l'Espagne n'en
saurait annuellement produire; ce sont deux liquides
contre lesquels le commerce honnête et les consommateurs doivent se tenir en perpétuelle défiance.

L'*Andalousie* a de riches et célèbres vignobles, dont
les produits donnent également lieu à un beau commerce d'exportation, pour l'Angleterre principalement. Parmi les variétés de *Xérès*, le *Paxarète* est
d'une finesse et d'une délicatesse supérieures; le *Abo-
cado* est sec, tonique, brillant, et donne un vin magnifique d'entremets. Le *Xérès-de-la-Frontera* jouit
d'une grande célébrité : c'est l'*âme du vin*, disent les
Andalous, et avec la proportion d'un sixième seulement, ils font un vin délicieux, d'une liqueur mé-
diocre. Les premiers vins du royaume de Grenade
sont ceux de *Malaga*, très variés et d'une grande
perfection. Le coloré ambre foncé est le seul qui
vienne en France, où il est difficile de l'avoir dans
toute son authenticité. En nature et vieux, il est éminemment parfumé et tonique ; sa valeur dans cet état
peut s'élever jusqu'à 15 et même 18 fr. la bouteille.

Portugal.— Cette contrée, dont la richesse vinicole
pourrait se décupler, produit au nord-est les vins
connus dans le commerce sous le nom de *Porto*. Ces

vins ont des qualités précieuses quand ils sont bien
faits ; mais ils sont presque toujours saturés d'alcool
par addition, pour faciliter leur transport. Si dans cet
état ils font les délices de l'Angleterre et du Brésil,
ils conviennent peu aux palais perfectionnés par l'habitude des liquides délicats et légers. L'auteur de cet
article a reçu directement de Portugal, et dans des
vases cachetés, des échantillons provenant des meilleurs crûs du *Haut-Duero*, traités par l'un des plus
habiles vinificateurs de la contrée. Rien n'égale la
richesse de ces vins, pour cette fois bien authentiques ! richesse en quelque sorte excessive, car les
perfections mêmes sont exagérées. Aussi rien ne
ressemble moins au vrai *Porto* de Portugal que le
Porto anglais ou français. Si l'on pouvait parvenir à
avoir en France de ces vins en nature, ils seraient fort
précieux au commerce pour communiquer de l'énergie à des vins faibles, mais bons, auxquels on donnerait plus de valeur. *Bucellas*, près de Lisbonne,
donne un vin léger, agréable et rafraîchissant. Le
Setubal est très parfumé, il acquiert des qualités supérieures en vieillissant : c'est un vin toujours très
cher.

Italie et Sicile. — Ces contrées si célèbres dans
l'antiquité pour l'excellence de leurs vins, paraissent
avoir perdu en grande partie leurs traditions, et si
elles produisent encore des liquides de qualité, ils se
consomment sur les lieux, attendu que leur extrême
délicatesse, à peu d'exceptions près, ne permet point

le transport. L'art de la vinification est presque partout inconnu ; tantôt âpres jusqu'à la rudesse, tantôt doux jusqu'à la fadeur, souvent grossiers et troubles, il est cependant de précieux vins qui méritent d'être signalés. Dans le royaume de *Sardaigne*, *Montmélian* produit des rouges qui imitent notre *Côte-Rôtie*, et qui sont fort goûtés à Genève ; la Savoie expédie encore quelques bons vins en Hollande. Le *Piémont* produit beaucoup de vins pour la consommation locale ; quelques-uns sont fort estimés. L'île de Sardaigne, extrêmement féconde en vins, mais qui ne sait ni cultiver ni vinifier, qui devrait faire un commerce énorme et s'enrichir rapidement par les vins, exporte cependant au nord de l'Europe une espèce de Malvoisie très agréable, et un vin qui se rapproche de l'Alicante ; dans le Nord, on le vend et on le prend pour tel. Les petits duchés font quelque commerce de leurs vins avec les pays limitrophes ; on cite dans la *principauté de Lucques*, l'*Aleatico*, qui, bien fait, est délicieux, mais il souffre presque toujours du transport. La même variété, sous le même nom, se retrouve dans la *Toscane*, contrée qui récolte 1,200,000 hect. L'Aleatico a quelque analogie avec l'*Alicante-tinto* ; il se fait encore dans les *Etats pontificaux*, dont les produits d'*Albano*, de *Montefiascone*, d'*Orvieto*, sont en grande réputation. Nous citerons dans le *royaume de Naples*, le *Lacryma-christi*, qui se récolte sur les flancs du Vésuve, vin des plus suaves, magnifiquement coloré et parfumé ; il n'entre pas dans le commerce. Plusieurs vins de cette contrée rappellent la saveur de quelques belles qualités de notre Côte-d'Or, la saveur seulement. La *Sicile* et les îles volcaniques qui l'avoisinent au nord sont très riches en beaux vignobles dont les produits se livrent en majeure partie à l'exportation. *Malte*, grande hôtellerie anglaise de la Méditerranée, est un bon débouché pour la Sicile. Le vin de *Marsalla*, à l'ouest de l'île, issu du Madère par des plants qui y furent apportés, rappelle assez bien son origine pour être vendu comme Madère sec en Europe, où il figure trop souvent sous ce nom sur des tables fort opulentes. On le reconnaît à une légère pointe d'âpreté, à la couleur toujours moins belle, au parfum moins caractérisé : au reste, les propriétés apéritives sont les mêmes. Il ne faut pas confondre le vrai Marsalla bien fait, avec les produits moins estimés de quelques vignobles voisins ; le commerce local est trop intéressé à cette confusion, où il trouve son compte, pour ne pas la tenter quelquefois. Qu'il est difficile de juger les vins étrangers ! voyez plutôt l'opinion bouffonne qu'on se fait des nôtres en Valachie (1)!

Grèce. — La Morée et les îles de l'Archipel produisent une énorme quantité de raisin dont partie est

(1) Croirait-on qu'en Valachie, l'opinion générale est que les vins français sont *presque tous âpres et aigres?* Cette singulière erreur est exprimée avec une naïveté infinie, dans un mémoire excellent d'ailleurs, adressé en 1836 à la Société d'œnologie française et étrangère, par un Valaque de haut rang. Cela rappelle ce qu'écrivait Victor Jacquemont voyageant dans l'Inde : « Le vin de Bordeaux que l'on boit à Delhi n'est que de mauvais vinaigre. »

séchée et livrée au commerce sous le nom de *raisin de Corinthe*, et l'autre donne la *Malvoisie*, nom générique sous lequel on désigne les vins de liqueur qui se préparent dans ces contrées. Les vins, faits généralement avec peu de soin, tournent quelquefois à l'aigre et supportent mal le transport ; quelques-uns cependant, comme *le Santorin*, gagnent à vieillir, et s'exportent en Russie.

Turquie. — Si les Musulmans ne doivent point boire de vin, la consommation du raisin leur est permise, et ils en usent largement. L'empire, en Europe, produit quelques vins très estimés. La Moldavie et la Valachie, où se sont introduits les bons cépages hongrois, exportent dans l'empire russe une faible quantité qui se rapproche du Tokay sans en avoir la délicatesse. Le petit district de Bouzeo donne un vin qui a beaucoup d'analogie avec le Malaga, quand il est bien fait. L'absence de débouchés avilit les prix au point que des liquides d'excellente qualité se livrent à 35 cent. la bouteille.

Russie. — Depuis une trentaine d'années, la production œnologique a fait d'immenses progrès dans la partie méridionale de cet empire, où elle est l'objet des soins de la haute noblesse et des encouragemens particuliers du gouvernement. La nature du sol est très favorable, et les variétés de ce pays sont choisies avec beaucoup d'attention dans les meilleurs vignobles d'Espagne, de la France et du Rhin. Ces belles créations, qui ne peuvent encore intéresser que l'agronome, auront quelque jour une haute importance commerciale; la France doit s'y attendre.

Empire d'Autriche. — Cette grande mosaïque formée de peuples si divers par les mœurs, le langage et la dissemblance des intérêts, se trouve dans les conditions les plus heureuses pour la production des vins; mais elle est mal placée pour en faire le commerce au dehors, si ce n'est en Russie. Le mérite principal que l'on peut accorder aux meilleurs vins de l'Empire, c'est leur *corps*. L'acidité est le défaut général, bien qu'elle soit une sorte de perfection pour les Allemands par suite de l'habitude.

La *Gallicie* n'a rien à citer. La *Hongrie* produit 12 millions d'hectolitres, et exporte, en Russie surtout, pour près de 3 millions de francs. On sait quel degré de célébrité le *Tokay* a pu atteindre, au moins le bon et vrai Tokay, le premier vin de liqueur du monde, réservé aux tables princières et royales, et dont tout ce qui porte le même nom dans le commerce européen n'offre qu'une imparfaite idée. La Hongrie est du petit nombre des pays vignobles où, après un travail de vinification habile et rationnel, on donne le plus de soins au traitement et à la conservation des vins, talent tout commercial, et beaucoup trop négligé même en France. Quelques vignobles *moraves* le cèdent peu à ceux de Hongrie. On accuse le gouvernement impérial d'avoir gêné la culture des vignes en Moravie; cela expliquerait pourquoi cette province n'exporte pas; quant à la mesure en elle-même, elle est injustifiable. Comment comprendre que les in- dustries *naturelles* soient sacrifiées au triomphe de vains sophismes économiques ? Il est vrai que la *Basse- Autriche* produit plus d'un million d'hectolitres de vins , dont quelques-uns acquièrent des qualités précieuses en vieillissant. Ce sont en général des vins blancs dont la couleur manque de beauté, mais qui se rapprochent, les uns de notre Bourgogne, les autres des Rhénans. La *Styrie* donne des produits analogues à ceux de la Basse-Autriche. La *Carniole* a d'excellens vins dans le genre italien, et dont elle fait un beau commerce avec l'Allemagne, où ils sont très estimés. Les riches vignobles de la *Dalmatie* exportent des vins qui se rapprochent de ceux de la Grèce. Les qualités qui distinguent les récoltes du *Lombard-vénitien* sont une belle couleur et du corps; mais très peu de ces vins vieillissent , plusieurs se gâtent et tournent à l'aigre. Ce qu'on y appelle *Vino- santo* n'appartient pas à une localité, mais à cin- quante localités italiennes, qui toutes élèvent le plus possible la supériorité de leur récolte en la plaçant beaucoup au-dessus des autres : innocentes préten- tions qui ne prouvent rien, et se retrouvent dans tous les vignobles du monde. Les meilleurs *Vini-santi* sont d'une charmante couleur dorée, doux sans fa- deur, et fort agréablement parfumés. Ils voyagent difficilement.

Saxe. — Quelques vignobles importans, où, sous une latitude élevée, on trouve des qualités estimables, parce que l'art de la vinification est en progrès. Le goût général, universel pour le *mousseux* a fait tenter quelques essais en ce genre, et il y a peu de temps que de grands propriétaires saxons, réunis en concile œnologique, ont déclaré solennellement leurs mousseux égaux, sinon supérieurs, au vrai Champagne. C'est toujours la même et très innocente passion qu'inspire le *vin du crû*. Cependant, que les cultivateurs et les commerçans français ne se fient pas trop à la grande réputation des liquides de la France : ce que nous dirons bientôt des vignobles de la Moselle en Prusse rhénane est de nature à inspirer de plus sérieuses inquiétudes ; on ne saurait trop soigner et *respecter* les belles qualités françaises.

Wurtemberg. — Importantes récoltes ; quelques vins fort estimés, connus surtout en Angleterre, où ils s'exportent sous le nom de *vins du Neckar*. La ville d'*Heilbronn* est un entrepôt considérable du commerce des vins en Allemagne.

Nous arrivons au Rhin et aux magnifiques coteaux qui suivent son cours sur les deux rives. La réputation des *vins du Rhin* est très haute, c'est l'une des plus belles du monde. Du corps, une sève riche et énergique, une légère âpreté qui ne déplaît pas, un arome d'une suavité supérieure, distinguent les grands vins du Rhin. On sait que ces liquides ne deviennent potables qu'après un long séjour dans le bois et dans de bonnes caves où ils perdent insensiblement de leur rudesse native pour développer toute la richesse de leurs perfections. Les Allemands du Rhin font et gouvernent leurs vins avec l'esprit de calcul réfléchi et rationnel que les Allemands apportent en toute chose ; pour des profits actuels et du moment, ils ne voudraient point dégénérer. Aucune tradition ne se perd dans cette judicieuse contrée œnologique ; on n'y reste point étranger aux perfectionnemens de l'art moderne, et les vignerons du prince de Metternich font mieux le vin, sans aucun doute, que ne le faisaient les anciens moines du Johannisberg, soit dit comme leçon amicale adressée à plus d'un vignoble français. Aussi, le commerce des vins, gâté, gaspillé, compromis en plus d'un lieu, est-il brillant et fort considéré dans l'Allemagne occidentale. Maîtres des prix, ne subissant aucune loi ruineuse, parce qu'ils ne s'aventurent jamais, les négocians allemands suivent avec dignité l'exemple des producteurs, et font de belles et honorables fortunes. *Bade, Darmstadt, Nassau,* la *Bavière* et la *Prusse rhénane,* rivalisent d'habileté, de zèle, de perfection. Dans cette dernière contrée, sur la Moselle, on fait des blancs mousseux d'un très grand mérite. Nous avons dégusté les qualités supérieures, nous avons comparé soigneusement avec ce que notre Champagne produit de plus parfait, et tout en reconnaissant moins de légèreté et un peu d'excès de matière sucrée dans le mousseux allemand, nous avons compris tous les dangers d'une concurrence formidable pour nous, en Angleterre et en Russie. Bien qu'il nous soit impossible de donner en chiffres la valeur commerciale de l'exportation des vins de la Prusse rhénane, nous pouvons affirmer qu'elle s'accroît d'année en année. Sans jalousie nationale, il nous est permis de contempler un tel phénomène commercial avec de tristes regrets que font naître les causes déplorables qui l'ont enfanté.

Johannisberg, *Rudesheim*, *Steinberg*, *Graffenberg* produisent les meilleurs vins du Rhin, des vins qui, suivant leur âge, et surtout en raison de l'absence d'âpreté et de piquant trop prononcé, se vendent depuis 8 jusqu'à 25 fr. le flacon.

Suisse. La vigne est l'objet d'une culture importante dans plusieurs cantons, et donne lieu à un beau commerce intérieur. *Schaffhouse* et *Neuchâtel* font de très bons vins rouges. Les cantons qui confinent au lac Léman ont des produits qui rivalisent avec les secondes qualités de Bourgogne. Martigny, dans le *Valais*, a de jolis muscats.

— *France*. Nous arrivons en France, et nous parcourrons ses belles vallées pour y signaler les caractères qui distinguent leurs meilleurs vins. Voici l'ordre dans lequel on peut classer les départemens français, relativement à l'étendue des vignobles et à l'importance de la production, considérée au point de vue de la quantité.

1. Gironde.	27. Vaucluse.	52. Haute-Marne.
2. Charente-Infér.	28. Isère.	53. Bas-Rhin.
3. Hérault.	29. Ardèche.	54. Cher.
4. Charente.	30. Loir-et-Cher.	55. Haute-Saône.
5. Dordogne.	31. Côte-d'Or.	56. Arriège.
6. Gers.	32. Drôme.	57. Haut-Rhin.
7. Gard.	33. Basses-Pyrénées.	58. Sarthe.
8. Lot-et-Garonne.	34. Aube.	59. Nièvre.
9. Var.	35. Jura.	60. Aisne.
10. Lot.	36. Deux-Sèvres.	61. Doubs.
11. Aude.	37. Landes.	62. Hautes-Alpes.
12. Haute-Garonne.	38. Seine-et-Marne.	63. Haute-Loire.
13. Loiret.	39. Marne.	64. Moselle.
14. Bouches-du-Rhône.	40. Indre.	65. Eure-et-Loir.
15. Pyrénées-Orientales.	41. Allier.	66. Vosges.
16. Maine-et-Loire.	42. Vendée.	67. Haute-Vienne.
17. Saône-et-Loire.	43. Ain.	68. Seine.
18. Yonne.	44. Seine-et-Oise.	69. Oise.
19. Tarn-et-Garonne.	45. Meurthe.	70. Ardennes.
20. Indre-et-Loire.	46. Corse.	71. Eure.
21. Aveyron.	47. Hautes-Pyrénées.	72. Mayenne.
22. Tarn.	48. Corrèze.	73. Lozère.
23. Rhône.	49. Basses-Alpes.	74. Morbihan.
24. Loire-Inférieure.	50. Loire.	75. Cantal.
25. Puy-de-Dôme.	51. Meuse.	76. Ille-et-Vilaine.
26. Vienne.		

La Somme, Calvados, Côtes-du-Nord, Creuse, Finistère, Manche, Orne, Pas-de-Calais, Seine-Inférieure et Nord, n'ont pas de vignes sérieuses.

1° *Vallée de la Garonne, de la Charente et de l'Adour*. Elle cultive 900,000 hectares, et produit les vins de France les plus en réputation au dehors, et les plus facilement transportables. Elle possède les fameux vignobles du Bordelais, dont les produits peuvent acquérir, quand ils sont supérieurs, une valeur de 6,000 fr. par *tonneau* (912 litres). Finesse et agrément du bouquet, délicatesse de la sève, goût légèrement styptique sans âpreté, couleur franche et prononcée, limpidité incomparable, qualités toniques et apéritives, innocuité lorsqu'on en use avec

4

modération, tel est l'ensemble de perfections qui a rendu les grands vins du Bordelais célèbres depuis des siècles, et dans toutes les contrées du globe. Il faut ajouter que les producteurs soignent admirablement la vinification et la conservation. Des commerçans en petit nombre et de bas étage encourent seuls le reproche de gâter de belles qualités par des mélanges qui, alors, deviennent de véritables falsifications. Il est trop certain que quelques hommes à petites pacotilles ont gravement compromis à l'étranger le renom de nos meilleurs vins et la réputation de nos commerçans des ports de France, en trompant sur la capacité des vases comme sur la qualité des liquides. D'un autre côté, l'on ose *imiter* les vins de Bordeaux en pays étranger ; et si, à Londres, on fabrique de toutes pièces l'*eau-de-vie de Cognac supérieure*, Amsterdam, dit-on, excelle dans la *création* des fins Médocs.

Nous ne déroulerons point ici la liste magnifique des productions variées et précieuses de la Gironde ; une classification même générale est très difficile, tant elles diffèrent entre elles par le goût, la couleur, le bouquet, la durée, et mille nuances imperceptibles. Cependant le commerce a établi *deux classes* qui paraissent maintenant bien admises, et qui peuvent guider dans les achats ; nous les exposerons donc rapidement, avec cette observation indispensable que les liquides rangés dans chacune d'elles n'ont point toujours une ressemblance absolue, et que les différences ressortent en raison de la bonté des récoltes, toute distinction s'effaçant dans les mauvaises années.

PREMIÈRE CLASSE. — *Château-Margaux, Château-Laffitte, Latour, Haut-Brion.* Le produit de ces quatre crus peut être de 400 à 450 tonneaux, dont la valeur, année de récolte, est en moyenne de 2,400 à 3,000 fr. Nous avons dit que cette valeur se doublait quelquefois, lorsque l'âge avait développé toutes les perfections de ces précieux liquides. Le Haut-Brion semble depuis quelques années être moins en faveur ; son prix est toujours un peu plus faible que celui de ses trois rivaux.

DEUXIÈME CLASSE. — *Rauzan, Branne-Mouton, Léoville, Gruau, Larose, Pichon-Longueville, Durfort, Degorse, Lascombe, Cos-Destournelle,* 850 tonneaux à 2,000 à 2,100 fr.

TROISIÈME CLASSE. — *Château-d'Issan, Pougets,* plusieurs clos de *Cantenac* et de *Margaux, Malescot, Ferrière, Giscours, Langoa, Bergeron, Cabarus, Calon-Ségur, Montrose, Lanoir,* 1,100 tonneaux de 1,700 à 1,800 fr.

QUATRIÈME CLASSE, avec deux divisions. — 1re, *Saint-Julien, Béchevelle-Saint-Pierre, Château-de-Béchevelle, Château-Carnot,* quelques *Margaux* et *Cantenac,* 650 tonneaux de 1,200 à 1,500 fr.; 2e dans laquelle sont rangées les grandes propriétés de *Pauillac* et *Saint-Estèphe,* et quelques autres de *Labarde* et *Margaux,* 1,000 tonneaux de 1000 à 1200 fr.

On établit une CINQUIÈME CLASSE dans laquelle se rangent beaucoup de vins encore très estimés de *Pauillac, Saint-Estèphe, Saint-Julien, Soussans, Labarde, Ludon, Macau, Cantenac.* La valeur du tonneau peut être de 7 à 800 fr. (*Statistique de la Gironde*).

La différence qui règne entre les cinq classes supérieures et les vins récoltés par les petits vignerons, vins qui se vendent de 300 à 450 fr., tient beaucoup moins à l'essence des cépages et à la nature du sol, qu'à des circonstances tirées du manque de capitaux, et du désir d'obtenir la quantité aux dépens de la qualité. La supériorité industrielle et commerciale de la grande sur la petite propriété, question tant agitée par les économistes, se résout d'une manière affirmative et fort claire, en ce qui touche aux intérêts vinicoles bordelais. Résumant à grands traits la production œnologique de notre pays, nous sommes forcés de passer sous silence des vins qui, dans un traité spécial, occuperaient chacun un chapitre. Cependant, indépendamment du *Sauterne*, rival du vin du Rhin, selon quelques habiles dégustateurs, vin délicieux qui est aux blancs du Bordelais ce que le Château-Laffitte est au rouge, et c'est tout dire : nous devons encore citer le *Saint-Emilion,* si beau de couleur, si délicieux de corps et de bouquet; les *Graves,* dont il se fait un grand commerce et dont le prix s'élève quelquefois jusqu'à 3,000 fr. le tonneau. Encore une fois, nous n'entendons point faire une nomenclature complète, mais donner un simple aperçu de ce que nos vignobles produisent de mieux. Pour ce qui est de nos jugemens, nous ne les imposons pas. En fait de vins, les opinions sont si diverses, que c'est surtout pour cette délicate production qu'on peut dire à juste titre : *les goûts ne sont et ne peuvent être matière à contestation.* En somme, cette belle contrée livre à l'exportation 30,000 tonneaux de vins d'un très haut mérite. Un jour, quelque ministre de l'agriculture et du commerce, prenant au sérieux des intérêts aussi graves, favorisera ce pays en lui ouvrant de nouveaux débouchés, encouragera la bonne production, le commerce loyal et bien fait, et doublera cette richesse, au grand profit de toute la France.

La production du Bordelais est très variable ; elle a été en 1837, pour tout le département, de 2,213,624 hectolitres, et en 1838, de 1,149,116. Les gelées printanières, les pluies au moment de la floraison, les orages versant de la grêle, la multiplication quelquefois prodigieuse des insectes nuisibles, semblent attaquer ces précieux vignobles plus cruellement que tous ceux de la France. On a parlé plusieurs fois d'une grande assurance mutuelle contre quelques-uns de ces risques entre tous les vignobles français, plusieurs essais même ont été partiellement tentés, mais les difficultés sont énormes. Pour les vaincre, il faudrait que l'association fût générale ; et l'esprit de concorde et d'union dans notre siècle, qui cependant en comprend très bien les avantages, le cède en toute chose à l'antagonisme industriel et commercial.

Dordogne. — Les vins blancs de la gauche de la

rivière sont fort estimés pour la couleur et le parfum; on fait grand cas des vins de Bergerac.

Les *deux Charente* n'ont pas de vins remarquables ; à moins que ce ne soit déjà une grande perfection que de donner la première eau-de-vie du monde. Cette production est en souffrance, et le commerce décroît d'une manière inquiétante.

Le *Lot* n'a point de vins de qualités supérieures ; mais il en produit de très corsés, et d'une couleur si prononcée, qu'on les utilise pour remonter les vins faiblement pourvus. Ce sont donc des vins *utiles* pour le commerce ; on les prépare avec des soins fort intelligens.

Le *Tarn* fournit des liquides qui entrent en comparaison avec les bons troisièmes crus de Bourgogne; aussi *Alby* et *Gaillac* font-ils un commerce lucratif avec la Hollande et les colonies par Bordeaux, où se chargent leurs vins.

La *Haute-Garonne* a d'excellens vins qui se vendent à vil prix sur les lieux, *faute de débouchés*.

Le *Gers* convertit ses vins en eau-de-vie, connue dans le commerce sous le nom d'*Armagnac*. Elle n'a pas le brillant parfum du *Cognac supérieur*, mais elle est plus douce. Elle est très moelleuse, et se distingue par une extrême finesse. Ce qui se fait de meilleur en vin dans le département se vend à Bordeaux pour le commerce étranger.

Les *Basses-Pyrénées* ont leur célèbre *Jurançon*

blanc et rouge. C'est un vin de premier ordre, d'une très belle couleur, avec une sève fort riche et un bouquet extrêmement agréable. Bayonne fait un bon commerce de vins.

2° *Vallée de la Méditerranée.* — Le *Jura* expédie plus de 300,000 hectol. en Suisse. Il a des vins précieux. L'*Arbois* et le *Château-Châlons* ont conservé leur antique réputation. Il faut encore citer les *Arsures* pour la vivacité, la finesse, et un arome léger de framboise. Mais ces vins viennent peu dans la capitale, où ils sont à peine connus. La capitale a tort; car, au fond, ces excellens liquides sont supérieurs à beaucoup de vins étrangers qui se paient quatre fois plus cher. Si le consommateur ne sait pas cela, c'est que le commerce ne se donne pas la peine de le lui apprendre.

La *Côte-d'Or*, qui, pour l'étendue des vignobles, est classée au 31ᵉ rang des départemens vinicoles, doit être aux premiers pour la qualité. Dans les bonnes années, elle produit des vins parfaits, dans toute la rigueur du terme. Les amateurs qui préfèrent les grands Bordeaux, reconnaissent aux premiers Bourgogne une couleur, un bouquet incomparables. *Vougeot, Vône, Chambolle, Nuits, Beaune, Aloxe, Savigny, Volnay, Pomard, Romanée, Meursault, Puligny, Montrachet, Chassagne, Santenay, Chagny, Chambertin, Corton, Richebourg,* quelle brillante et noble famille ! quel opulent amas de richesses incalculables pour l'heureux département qu'elles animent (1)! Depuis une dizaine d'années, on a introduit la fabrication des mousseux. Ils sont corsés, hauts en goût et en bouquet; mais ils manquent de légèreté, ce qui n'empêche pas qu'on n'en fasse un très grand commerce.

Les produits de *Saône-et-Loire* n'égalent point les premiers crus de la Côte-d'Or; mais plusieurs en approchent de très près, et sont plus *solides* en général, c'est-à-dire qu'ils voyagent avec moins de danger, et sont moins exposés à ces altérations fréquentes qui font la ruine du commerçant. *Châlons* et *Mâcon* ont des vins d'un très haut mérite, et dont les qualités hygiéniques sont passées en proverbe. Romanèche, dans le même département, renferme le célèbre cru des *Thorins*, et le non moins renommé *Moulin-à-Vent*. Le *Pouilly fuissé* se place au troisième rang des vins blancs de France; il ne mérite pas toujours cet honneur.

Dans le *Rhône*, les vins du Beaujolais rentrent dans la classe qui vient de nous occuper, et se vendent

---

(1) Pour ce qui est du *Clos-Vougeot*, le vin qui a eu peut-être le plus de célébrité en France, il est certain qu'il se perd. Ce n'est plus une production d'*artistes*, mais une affaire de négoce, purement et simplement. Lorsqu'il était propriété monacale (nous devons aux monastères les plus beaux vignobles de la France), ce vin était fait avec des soins infinis, et conservé précieusement jusqu'à l'âge ou seulement il développe toutes ses perfections. MM. Tourton et Ravel avaient recueilli et pratiqué les bonnes traditions, mais depuis, les récoltes ne se font plus rationnellement, elles se livrent en pièces, et on ne sait au juste si le liquide arrive au consommateur dans un état de virginité bien intacte.

pour Mâcon. *Chénas*, *Fleury*, *Morgon*, *Julienas*, sont en réputation ; on ne s'en procure pas facilement d'authentiques. Le sud du département a le *Côte-rôtie* et le *Condrieu*, d'une sève extrêmement riche et du plus agréable parfum.

L'*Ardèche* envoie beaucoup de vins à Bordeaux, soit pour les coupages, soit pour l'expédition au nord de l'Europe. *Saint-Péray* a des blancs et des rouges d'un bouquet fort distingué; les blancs offrent de l'agrément par leur mousse légère.

Le *Gard*, si intéressant déjà par les développemens qu'a pris son industrie manufacturière, produit plus d'un million d'hectolitres de vins, dont plusieurs sont dignes d'attention et enrichissent ce laborieux pays. Ces vins grandissent dans l'opinion, parce qu'on travaille sans cesse à les améliorer. Il s'en exporte beaucoup. *Tavel*, *Lirac*, *Saint-Geniez*, *Lanédon*, *Saint-Laurent*, *Beaucaire*, donnent des vins rouges, les uns légers et fins, les autres fermes et d'excellent goût. *Calvisson*, près de Nîmes, fait une *clarette* délicieuse. Les eaux-de-vie se vendent à Cette (1).

(1) Le vignoble de Saint-Gilles a beaucoup perdu de son ancienne réputation ; lui, aussi, vise surtout à la quantité. Cependant, un très habile viniculteur, M. le docteur Baumes, cultive sur la côte dite de la *Princesse*, le plant hongrois *Furmain* qui, dans l'Hégy-Allya, donne le célèbre vin de Tokay. A force de talent, de sacrifices et de persévérance, M. Baumes est parvenu à obtenir un vin si parfaitement semblable à la liqueur hongroise, que quand ce vin a paru dans la capitale, vers la fin de 1841, il y a produit la plus vive sen-

L'*Hérault* passe quelquefois 2 millions d'hecto-litres. *Saint-Christol* et *Saint-Georges* méritent leur renommée, bien qu'un peu chauds et manquant de légèreté. *Maraussan* et *Sauvian* approchent du *Fron-tignan* et du *Lunel*, les premiers muscats *du monde*, et universellement reconnus pour tels, parce qu'ils joignent à une grande solidité le moelleux le plus exquis, la saveur la plus délicate, et un parfum dont l'agrément est infini. La variété de *Lunel* qui mérite peut-être le plus d'estime est celle qui se récolte à la *Côte du Mazet;* sa légèreté est admirable, sa finesse et son parfum sont exquis. Frontignan produit peu de muscat rouge, on se le procure assez difficilement, mais c'est une liqueur de premier ordre. Dans cette belle et riche contrée vinicole qui s'indigne avec rai-son des absurdes imitations qu'on ose faire de ses superbes liqueurs, se trouve une localité fort riche où se fabriquent de toutes pièces le Malaga, l'Ali-cante, le Xérès, même le Madère, à très bon compte. Sans doute cette fabrication est fort innocente, en ce sens qu'il n'y entre aucun élément nuisible à la santé; mais cela se vend et se livre en plus d'un lieu comme vins authentiques, et l'intérêt même que

sation. Rien n'est comparable à la magnifique limpidité, à la saveur exquise, à la charmante légèreté, au parfum délicieux du *Tokay-Princesse;* c'est une brillante conquête pour la France qui man-quait de vins de liqueur au point d'en acheter à l'étranger, de très chers, et ordinairement falsifiés par l'eau-de-vie. Le Tokay-Prin-cesse déjà plus de moitié moins cher que les détestables vins-confi-tures qui se vendent 75 c. le petit verre dans nos établissemens à la mode, deviendra l'honneur des desserts français.

nous portons à la prospérité du commerce des vins ne nous permettrait pas d'approuver une immoralité.

Au milieu des vins peu estimés de l'*Aude*, Narbonne, Ginestas et Sijean se sont fait une belle réputation de couleur, de moelleux et de goût. *Limoux* et *Magny* font pour les dames un vin blanc doux, très léger, et d'un joli bouquet, mais qu'on livre trop souvent épais et bourbeux.

Les *Pyrénées-Orientales* produisent le *Bagnols*, l'un des plus beaux vins de France, mais trop peu connu en France. Ce vin est corsé, moelleux, d'un goût excellent, d'une finesse rare dans le parfum. Nous avons dégusté ce vin âgé de cinquante ans ; il était encore dans toute sa vigueur et sa beauté. Les vins de liqueurs du département sont connus dans le commerce sous le nom de *Grenaches*. Le *Rivesaltes* muscat marche de pair avec le *Lunel* et le *Frontignan* ; le *Maccabeo* rappelle d'une manière sensible le Tokay hongrois. Les vins de Roussillon s'exportent avec beaucoup d'avantage pour la Suisse, l'Allemagne et l'Amérique du Sud. Il s'en expédie beaucoup à Paris pour les mélanges. Quelques blancs forment la base du faux Madère.

L'*Isère*, qui vante à juste titre la *Côte-Saint-André*, produit beaucoup de vins d'ordinaire, qui gagnent à voyager et à vieillir. Il s'en exporte en Suisse et en Allemagne.

L'*Ermitage*, magnifique vignoble de la *Drôme*,

peut, à notre avis, marcher de pair avec les plus grands vins de France. Sorti des celliers des plus habiles vinificateurs, c'est un vin que l'on peut dire *admirable*. Ce vignoble a trop d'intérêt, pour que nous n'exposions pas les classifications établies sur les lieux mêmes; nous empruntons ces renseignemens à l'un des plus habiles œnologues, propriétaires dans la montagne, et dont la perte récente est très regrettable (1).

Les quartiers de vignoble appelés *mas* se classent dans l'ordre suivant :

1° Mas de Greffieux.	7° Mas des Dionières.
2° — de Méal.	8° — de l'Ermite.
3° — de Bessar.	9° — de Péléat.
4° — de Beaumes.	10° — de la Pierrelle.
5° — de Cocoules.	11° — du Colombier.
6° — de Murets.	12° — de Varogues.

Le mas de Greffieux, *peu étendu*, donne le vin supérieur en finesse et parfum. Le *Méal* le suit de très près, et le *Bessar*, bien qu'ayant moins de finesse et de durée, a le précieux avantage d'être plus tôt prêt pour la vente. Les autres mas décroissent en qualité, tout en conservant encore un moelleux, une couleur, un parfum, qui leur donnent une grande valeur. Le meilleur vin d'Ermitage est produit par la réunion en portions égales et en cuvée des trois premiers mas. Ce vin n'entre dans le verre qu'après un séjour en fût d'au moins cinq ans, et s'accroît en perfections jusqu'à 25 ou 30. Il doit,

(1) M. Machon, *Bulletin de la Société d'œnologie*, Avril 1830.

pendant qu'il est dans le bois, subir au moins trois soutirages la première année , et deux la seconde ; en général, il exige des soins de conservation très attentifs et une surveillance continuelle, sous peine de dégénérescence et d'acidité. Le collage doit se ré-péter plusieurs fois avant la mise en bouteille. Il se fait peu de blanc (250 à 300 hect.); mais ce blanc, produit des bonnes années, peut être regardé comme le meilleur blanc de France ; moelleux, riche de goût, rempli de vivacité, d'un parfum délicieux et tout-à-fait *à lui* , participant de la fleur d'amandier et de celle de violette ; il se garde un siècle, et ne tombe jamais dans l'infériorité, même dans les récoltes peu favorables au rouge.

Les vins d'années supérieures sont enlevés par Bordeaux pour s'unir aux bons vins du Bordelais, et leur donner plus de vivacité et de couleur. Le peu qui se vend sur les lieux s'envoie en flacon. Le vrai et bel Ermitage, dans les meilleures récoltes, ne va pas à plus de 2,200 hectol. On en vend sous ce nom, et avec ce titre, plus de 50,000, ce qui fait grand tort à la réputation du cru et au commerce local.

Vaucluse exporte en Suisse et en Allemagne ; son *Château-Neuf-du-Pape* est un vin supérieur qu'on trouve sur toutes les tables opulentes, mais très rare-ment à l'état d'authenticité. Nous avons dit combien le talent en dégustation était rare : comme on le voit, les faits viennent successivement démontrer la jus-tesse de cette opinion. En Vaucluse, un grand nombre de propriétaires font cuire le moût, qu'ils saturent ensuite d'eau-de-vie ; ils livrent cela au commerce comme *Grenache*. Cela fait une liqueur tolérable ; mais est-il sûr que ce soit même du vin ? En général, il faut se défier des Grenaches. Vaucluse a des imitations de Tokay dont on fait cas dans le pays, elles sont peu connues au dehors. *Rochegude* produit un délicieux vin d'entremets, sec, salubre, frais, offrant quelque analogie avec le *Xérès-Abocado*.

Les *Bouches-du-Rhône* sont, comme le Gard, en progrès. La vinification y est parfaitement entendue, mais les vins manquent du principe conservateur et dégénèrent trop souvent. Les rouges des deux *Séon*, de *Saint-Louis* et de *Sainte-Marthe* sont très estimés ; les blancs de *Cassis* et de la *Ciotat* le sont plus encore. Marseille, place qui fait un beau commerce de vins, expédie beaucoup de vins *cuits* du département pour la Hollande, où ils sont en grande faveur. Le département sèche une masse énorme de raisins excellens qui rivalisent avec les meilleurs d'Espagne, et qui forment un article important du commerce marseillais. Les spiritueux, enfin, sont encore une riche branche de commerce dans cette contrée productive.

Le *Var* donne un million d'hectol. de vins qui se boivent avec plaisir sur tout le littoral de la Méditerranée et en Amérique. Les vins de *Bandol* sont colorés, de bon goût, et gagnent à voyager.

Nous pourrions dire de la *Corse* ce que le lecteur

a pu lire de la Sardaigne. Quand la puissante fécondité de cette île sera comprise et exploitée, ses récoltes en vins, riches de corps et de goût, prendront un rang distingué dans le commerce, et répandront l'aisance parmi les insulaires. Hambourg et les villes anséatiques achètent des vins de Corse et des raisins secs excellens. Le vin du *Cap-Corse* est le plus estimé.

Vallée de la Loire. — Le dép. de la *Loire* ne cite que son joli vin blanc de *Château-Grillet*, en réputation pour la vivacité et le parfum. Le *Rénaison* joue à Paris un grand rôle pour les coupages.

La *Nièvre* n'a d'important vignoble que celui de *Pouilly-sur-Loire*, qui envoie ses vins à Paris pour les mélanges. Les belles qualités ont une ressemblance frappante avec les seconds *Graves* du Bordelais. Ces qualités sont quasi-inconnues dans la capitale, où elles réussiraient certainement. Pourquoi le commerce parisien n'essaie-t-il pas de mettre en lumière une foule de vins très jolis, de valeur modérée, qui seraient une bonne fortune pour 300,000 consommateurs, n'ayant, faute de le trouver, aucun liquide agréable au dessert? Nous osons dire que ce serait une source intarissable de profit pour les producteurs, et que c'est une mine vierge encore à exploiter par le commerçant.

Les meilleurs vinaigres d'Orléans se fabriquent avec quelques vins blancs du *Cher* : c'est un genre de mérite. Le *Sancerre* est agréable et surtout très léger, mais il ne vieillit pas.

Le *Loiret* est un pays de grande production. On y vise surtout à la quantité, et il fait le meilleur vinaigre connu. Il a quelques jolis vins très goûtés, en Normandie particulièrement. Les vignobles d'Orléans et de Beaugency vendent à Paris une énorme quantité de vins d'ordinaire.

Loir-et-Cher produit des vins appelés *noirs*, à cause de leur couleur extrêmement foncée, qui les rend propres aux mélanges. *Mer* produit un charmant vin de déjeuner, léger, fin, pétillant.

Joué et *Bourgueil*, dans *Indre-et-Loire*, donnent des vins d'un haut mérite, quand ils sont bien faits; le Bourgueil, dans ces conditions, peut rivaliser avec la 4ᵉ classe du Bordelais. La Belgique et la Hollande importent des liquides de ce département, surtout le *Vouvray*, qui y est en faveur, bien que lourd et capiteux. Les vins de Chinon ont une certaine importance commerciale. Un savant œnologue des environs de Tours fait (pour sa consommation de famille) un vin de *paille* (1) qui joue admirablement le Madère. « Il est à souhaiter, dit un jury de dégustateurs chargé de juger cinq variétés de ce vin, que la méthode facile de vinification de M. le comte Odart se propage avec

---

(1) On nomme vins de *paille,* ceux qui s'obtiennent de raisins séchés à demi sur la paille, en ayant soin d'enlever les graines gâtées et celles dont la maturité ne serait pas complète. On fait moins de liquide, mais sa perfection est quelquefois admirable. L'Alsace a des vins de paille qui se rapprochent du Tokay; cette pratique est usitée sur plusieurs points de la France, il est à souhaiter qu'elle s'étende et se généralise.

les cépages employés : ce serait une riche conquête pour notre pays. » On ne croira jamais que le jury départemental, en 1839, ait refusé les honneurs de l'exposition générale des produits de l'industrie française, à ces vins que nous n'hésitons pas, nous qui les connaissons, à proclamer le chef-d'œuvre de l'œnologie française pour notre époque.

La *Vienne* et les *Deux-Sèvres* font d'excellentes eaux-de-vie, comparables aux bonnes secondes de la Charente ; elles se vendent pour telles dans le commerce.

Maine-et-Loire et la *Loire-Inférieure* exportent de bons vins blancs au nord de l'Europe. Les vins *champanisés* d'Angers, préparés avec talent par M. Lesourd-Delille, sont *les seuls vins* qui aient figuré à l'exposition de 1839. Les vins de Saumure sont colorés et généreux.

Vallée de la Manche. L'*Yonne* s'est vouée depuis long-temps au culte de la quantité. Il ne reste quasi rien de ces beaux vins qui faisaient la consolation et la fortune des moines et chanoines de l'Auxerrois. La *Chaînette, Migraine, Irancy, Coulanges, Junay,* sont pourtant encore des liquides d'un très-haut mérite. *Chablis* est le meilleur vin d'huîtres et de déjeuner que produise la France. *Joigny, la Côte-St.-Jacques, Vermanton,* produisent des vins dignes d'estime, quand ils sont bien faits. Le commerce de l'Yonne s'exerce sur un million d'hectolitres, qui, sauf une large part de consommation locale, se vendent très bien à Paris. Les mousseux sont les meilleurs *bourgognes-mousseux* pour les têtes un peu viriles.

L'*Aube* a ses *trois Riceys*, excellens vignobles. Bien que le mélange soit très nuisible aux vins qu'ils produisent, on mélange beaucoup. A *Bar-sur-Aube*, on fait un très bon vin blanc.

La *Marne* est l'une des gloires œnologiques de la France. Qui dit *vin de Champagne* exprime tout ce qu'il y a de plus gracieux, de plus vif, de plus gai, de plus populaire, de plus français en fait de liqueur. Le genre humain ne peut se passer de champagne !

Supposez-le d'un bon cru, et fait avec les soins minutieux, avec le talent qui seuls peuvent obtenir un vin limpide, sucré à point, mousseux sans excès ; s'il reste dix minutes dans la glace pilée, il resserre toutes ses perfections pour les développer rapidement à l'arrière-bouche ; refroidi, il devient d'une inexprimable finesse. Laissez-vous les bouteilles en vidange pendant vingt-quatre heures, il développe une sève qui lui est propre, et un bouquet qui n'appartient qu'à lui. Malheureusement, le grand et vrai vin mousseux s'en va, on en trouve difficilement ; le goût populaire pour le vin mousseux a conduit beaucoup de vignobles à *champaniser* leurs vins blancs, et ces pseudo-champagnes se vendent à très bas prix, les propriétaires champenois souffrent beaucoup de cette concurrence. Depuis quelques années on le sucre trop, et il n'a peut-être plus au même degré ce fin piquant qui le caractérisait. On vend en France des millions de bouteilles de mousseux à 2 et 3 francs, trop cher de moitié ; n'achetez votre champagne mousseux qu'avec de très grandes précautions.

La Marne fait 80,000 hectolitres de vins mousseux, et fournit au reste de la France et aux étrangers 120,000 hectolitres de vins rouges en général de belle qualité, mais délicats et qui exigent pour leur conservation des soins intelligens. Le *Sillery sec*, l'*Ay* non mousseux, sont particulièrement estimés ; ils s'exportent principalement en Angleterre, au prix de 5 et 6 fr. le flacon. Viennent ensuite les blancs et rosés mousseux des mêmes crus, et ceux de *Reims, Epernay*, *Avise*, *Mareuil*, *Pierry*, etc. Le commerce champenois vend à des prix fort modérés ; mais les grands vins n'arrivent sur nos tables que fort chers, et comme peu de personnes savent juger leurs perfections, on se contente de mille breuvages mousseux et sucrés, dont le seul mérite est le bas prix, ce qui fait, disons-nous, un tort énorme à la Champagne.

La Champagne proportionne les élémens de son vin au goût, aux caprices fort divers des étrangers ; le champagne pour Russes est fort différent du champagne pour Allemands, qui lui-même serait rejeté des amateurs anglais. Les États-Unis s'arrangent de tout.

Le Champagne mousseux et non mousseux, blanc, gris, rosé, n'atteint de perfection qu'après trois années au moins de bouteille ; pendant quinze et

vingt ans, il acquiert de la délicatesse; et on en a vu
encore de délicieux à quarante.

La Marne produit des vins rouges d'une très grande
perfection : *Verzy*, *Vercenay*, *Saint-Basle*, *Bouzy*,
Sillery, et beaucoup d'autres. Ils arrivent difficilement, le Bouzy surtout, sur la table du consommateur dans toute leur intégrité; on les mélange, ce
qui est une vraie falsification, ou plutôt une profana-
tion indigne quand il s'agit de tels vins.

Seine-et-Marne. — Il n'y a là rien à citer en fait
de vins, mais bien la matière d'un commerce considérable et lucratif dans le raisin de *Thomery* dit chasse-
las de Fontainebleau.

Vallée de la mer du Nord. — Le *Haut-Rhin* produit peu de vins rouges. Les blancs de *Kitterlé*, près
de Guebwiller, le *Turckheim*, sont fermes, secs,
spiritueux et d'un goût de noisette agréable. Les
Allemands du Rhin, avant l'union des douanes prus-
siennes, achetaient beaucoup dans les deux départemens alsaciens, pour corriger, ou plutôt pour *avan-
cer* leurs vins si âpres dans la jeunesse. Là, comme
en d'autres lieux, le fatal système protecteur poussé
à la rigueur a étranglé le commerce qui ne vit et ne
prospère qu'avec de l'air et de la liberté. Dans le
Bas-Rhin, on récolte à *Volxheim* et à *Molsheim* des
blancs parfaits de bouquet et de sève. Les deux départemens font du vin de *paille* avec le raisin de
l'espèce cultivée à Tokay.

La *Meurthe* a perdu des vins célèbres autrefois

par leur couleur et leur délicatesse. C'est l'histoire
de la *Moselle*, département voisin. L'union des douanes allemandes a presque éteint le commerce d'exportation de ces deux départemens.

La *Meuse* exporte en Belgique la majeure partie
des vins excellens récoltés à *Bar-le-Duc*, *Bussy-la-
Côte*, *Saint-Mihiel* et *Commercy*.

AFRIQUE, ASIE, AMÉRIQUE. — *Afrique.* — Si nous
quittons momentanément l'Europe pour jeter un
coup-d'œil rapide sur le reste du globe, nous ne trou-
verons qu'un seul point de l'Afrique où la vigne soit
cultivée en grand : le *Cap de Bonne-Espérance*. Ces
vignobles sont de création hollandaise, mais les Anglais les ont fort étendus, et l'on prétend qu'ils en
tirent maintenant une grande quantité pour la consommation européenne. Le petit vignoble de *Con-
stance* produit l'un des meilleurs vins connus ; c'est
un vin liquoreux sans excès, doux, fin, spiritueux, et
d'un bouquet extrêmement suave ; on lui attribue de
merveilleuses qualités hygiéniques ; mais il ne se
recueille qu'en petite quantité ; on se le dispute au
Cap même, et il est très rare de l'obtenir en Europe
par voie commerciale ; on ne peut avoir confiance
que dans quelques flacons apportés par les amis des
propriétaires, et reçus comme présent.

Les îles *Canaries* ont de beaux vignobles ; ils produisent des vins de liqueur extrêmement agréables et
dont les propriétés toniques sont depuis long-temps

célébrées, surtout dans les romans anglais du dernier siècle. Quelques-uns de ces vins offrent beaucoup d'analogie avec le Madère ; ils sont vendus comme tels dans toute l'Europe et dans l'Amérique du Sud, où il s'en fait un grand commerce.

L'île de *Madère* est une notabilité œnologique des plus élevées ; elle produit une grande variété de vins ; les deux qui sont en plus haute estime sont une espèce de *malvoisie* vraiment délicieuse, mais qu'il est difficile de se procurer intacte ; puis le *blanc Sercial,* dit *vin sec de Madère,* qui réunit toute sorte de perfections. Comme on l'imite mal, les amateurs le reconnaissent plus facilement à la beauté de sa couleur légèrement ambrée, au ton général indiquant un peu de vieillesse, car il ne se vend que quelques années après la récolte, à une pointe imperceptible d'amertume qui ne déplaît pas, et que dominent d'ailleurs le spiritueux toujours bien prononcé et le bouquet caractéristique. Mais, mon Dieu ! que de faux, que de ridicules, de plats, d'insipides Madères secs ! Que de négocians croient de bonne foi vendre le vrai Madère, acheté fort cher, et qui n'est pas même bon Marsalla de Sicile ! Que de mécomptes, lorsque cela se sert solennellement après le potage ! Les Anglais qui font le commerce des vins, sont en général fort habiles, et entendent très bien cette difficile matière. Ils ont trouvé que les voyages ajoutaient singulièrement aux perfections du Madère, et les docks de Londres en renferment qui a été deux fois aux Indes; c'est ce qu'ils appellent : *London particular.*

L'exportation directe se fait aux Indes, en Amérique et en Angleterre. Le produit total des récoltes est évalué à 150,000 hect., dont 35 à 40,000 sont livrés à l'exportation.

Asie. — L'Asie-Mineure, qui produisait autrefois tant et de si excellens vins, a perdu cette source inépuisable de richesses sous le régime orthodoxe turc, qui lui est presque aussi ennemi que le fisc l'est aux vins français. Les cultivateurs, à peu d'exceptions près, se bornent à sécher le raisin que le *Coran* ne défend pas. Il s'en fait et s'en consomme des montagnes ; c'est un des articles de commerce les plus importans de la contrée. Le *vin de Chypre* a joui d'une grande célébrité sur laquelle nous pensons qu'il vit encore ; car nous qui n'admettons pas volontiers sur parole les sublimités en matière de vins, il nous est arrivé à plusieurs reprises d'être peu content du Chypre le plus vanté. Dans le reste de l'Asie, la Perse est à-peu-près le seul pays qui ait un nom en œnologie. Ce nom est beau ! Le *vin de Schiraz* est bien toujours l'un des vins de liqueur les plus délicieux, les plus parfaits ; mais il constitue une curiosité fort rare pour les Européens, et n'est point un produit commercial.

Amérique. — Cet immense continent achète beaucoup de vin à l'Europe, et n'en produit qu'une très faible quantité. Les États-Unis ont voulu créer des vignobles ; mais, au témoignage de M. Lakanal, qui a habité le pays pendant 30 années, l'a souvent parcouru, et n'est rentré en Europe qu'en 1837, le peu de vins récoltés avaient, ou une saveur grossière de terroir, ou un goût désagréable de fruits : or, les citoyens de l'Union, d'un commun accord, paraissent avoir renoncé à une culture que semble repousser leur climat ; les uns s'en tiennent au vin de France et de Portugal ; les autres, par une singulière aberration d'esprit, couverts du saint drapeau de la morale, se sont mis à faire des sociétés dites *de tempérance*, où l'on ne se borne pas à proscrire l'abus du vin, mais où l'usage le plus modéré devient un crime. La bière, le cidre, liquides cependant bien innocens, sont également proscrits : c'est un fanatisme du genre le plus absurde, poussé à ce point, que, dans plusieurs de ces respectables compagnies, on a agité la question de savoir si le vin ne cesserait pas de figurer dans le saint sacrifice ! Les *hommes de l'eau froide*, c'est ainsi qu'ils s'intitulent glorieusement, ont tellement multiplié, que dans beaucoup d'hôtels on ne trouverait pas un flacon de vin à quelque prix que ce fût. Cette incroyable manie, dans laquelle la politique pourrait bien entrer pour quelque chose, a fait invasion en Angleterre, où l'on assure que plusieurs milliers d'ivrognes ont été radicalement guéris par les sociétés de tempérance. Nous en félicitons les Etats-Unis, aussi bien que la Grande-Bretagne. Il faut donc accueillir avec défiance ce qui est dit pompeusement des *vignobles* des Etats-Unis dans quelques livres d'œnologie. Le Mexique, qui, comme les autres possessions américaines de l'Espagne, a vu souvent la jalousie et la cupidité métropolitaines *arracher* de très beaux vignobles, les a replantés avec succès, et les cultive avec fruit depuis l'indépendance. Les vins du Mexique, sans être abondans et supérieurs, ont des qualités précieuses et surtout une riche *liqueur;* ils se rapprochent plus ou moins des vins d'Espagne d'où les plants sont originairement tirés; ils ne forment encore qu'une branche de commerce peu importante et tout-à-fait locale. Ceci s'applique aux Etats méridionaux qui cultivent la vigne partout où la température moins ardente permet de la planter.

— Après ce coup-d'œil général promené sur les contrées du globe qui offrent de l'intérêt sous le rapport de la production et du commerce, nous ne croyons pas devoir exposer les pratiques nombreuses usitées pour la conservation et le traitement des liquides; chaque producteur, chaque commerçant soutire, colle, remplit, met en bouteilles d'après son expérience et la nature des vins qu'il a à gouverner. Rien n'est absolu dans ces diverses opérations, si ce n'est la nécessité d'y apporter beaucoup de soins et d'intelligence, ce qui n'arrive pas toujours, et ce qui entraîne des pertes dont le total connu serait effrayant. Nous dirons seulement que le bouquet étant considéré comme la qualité la plus précieuse des vins fins, très volatile et fugitive de sa nature, il importe de n'en laisser échapper que ce qui ne saurait être maintenu; l'opération du soutirage exige donc en certains cas une très grande attention. L'usage commence à s'introduire de faire passer lé liquide d'un fût à l'autre par le moyen d'un soufflet qui le chasse. C'est Bordeaux qui a pratiqué d'abord ce procédé. Divers soufflets ont été proposés, les uns opérant par voie de pression, les autres en faisant le vide; nous préférons le premier, toujours dans l'intérêt de la conservation du bouquet.

Les mélanges sont-ils une pratique permise ou coupable? Nous ne sommes pas casuiste, et la question ne nous paraît pas soluble, en ce sens, qu'il sera à jamais impossible d'empêcher les mélanges : si deux vins doivent gagner par leur union, nous ne voyons pas en quoi la morale la réprouverait. Ce qu'elle réprouve et ce que le commerce respectable ne se permet point, c'est de déguiser les imperfections délétères d'un liquide par l'addition de liquides plus énergiques; c'est d'alcooliser les vins, les sucrer, les colorer; c'est de presser les lies pour obtenir on ne sait quelle liqueur abominable qui, à l'aide de procédés plus ou moins habiles, devient potable pour les palais obtus, et n'a de nom dans aucune langue; c'est ce mélange de pruneaux, de poiré, de bois de teinture, de litharge, d'on ne sait quoi encore, poisons infâmes que la police saisit trop rarement, et qu'elle fait verser dans les ruisseaux, au grand désespoir de malheureux qui boiraient dans cette coupe affreuse, si la gendarmerie n'était là pour refréner de telles passions, la honte de l'humanité (1).

Ces faits déplorables et beaucoup d'autres sont la conséquence des taxes excessives qui pèsent de temps immémorial sur les boissons fermentées; taxes dont l'élévation nuit singulièrement au commerce, et qui sont peut-être moins odieuses au peuple par leur chiffre que par leur assiette, et surtout par le mode inquisitorial de perception. Sans doute des impôts sont nécessaires, et nous conviendrons volontiers que le vin est une matière éminemment imposable; mais il a été démontré mille et mille fois avec la plus irrésistible logique, que la surélévation des taxes com-

(1) La chimie fournit peu de moyens pour reconnaître les préparations nuisibles, parce que les précipités que donnent les réactifs varient avec l'âge, et en conséquence des proportions élémentaires si diverses dans les vins. Toutefois, il serait fort utile au commerçant et plus utile encore au consommateur, d'éprouver les vins par le *sous-acétate de plomb*, qui donne un précipité gris verdâtre, d'une teinte particulière dans les vins bien naturels. Le précipité est bleuâtre, quand la couleur a été forcée au moyen du bois de Campêche; bleu-indigo avec le bois de Brésil et les baies de sureau. Quelques gouttes d'éther sulfurique préparé à la *Vaumont*, et instillées dans un vin suspect, occasionnent instantanément un précipité noirâtre dénotant le mélange des substances métalliques, et la plus criminelle de toutes, l'oxide blanc de plomb. Pourquoi l'admirable science, science à prodiges, que l'on appelle chimie, ne travaille-t-elle pas à perfectionner, à étendre ces faibles moyens d'expérimentation? Ce serait à l'autorité à la mettre sur cette voie bienfaisante, au moyen de concours et de prix offerts à l'habileté de nos jeunes chimistes. Ensuite, la loi est évidemment trop indulgente pour les falsificateurs. Un empoisonneur public perd son liquide, auquel il ne tient guère; il est condamné à une faible amende, et passe quelques jours dans une prison commode, où il se console en supputant les gros bénéfices que lui a procurés son exécrable industrie.

promettait l'impôt, plus productif en raison de sa modération. Nous n'entrerons point ici dans le détail et dans la critique *des droits* multipliés qui se perçoivent sur les boissons, n'ayant pas mission de dire ce qui se trouve partout ; nous nous contenterons d'affirmer d'après les autorités les plus respectables, soit qu'on les cherche parmi les économistes théoriciens, soit qu'on invoque les plus habiles gens de pratique commerciale ; nous affirmons, disons-nous, que les droits d'entrée et d'octroi en particulier sont trop élevés, et donnent ainsi naissance à l'ivrognerie grossière des gens qui vont se gorger de mauvais vins aux barrières, aussi bien qu'aux sophistications les plus dangereuses. Dans toutes les villes où ces taxes ont plus de modération, le vin est livré plus naturel au consommateur, la débauche est moins fréquente, la consommation par individu est plus forte, la somme des recettes est proportionnellement plus considérable : assertions prouvées invinciblement par les travaux statistiques si précieux de notre savant ami M. L. Millot (1).

Sur la récolte totale en France, c'est-à-dire sur 40 et quelques millions d'hectolitres, le fisc atteint *seulement* 14,000,000 d'hectolitres ; et sur les 68,000,000 de fr. que produit l'impôt, *Paris paie le tiers !* Paris

(1) A la Croix-Rousse, où les droits sont faibles, la consommation est plus forte, et la recette plus considérable en proportion ; dans la commune de Lyon, au contraire, les droits sont plus forts, la consommation est plus faible. Ces faits authentiques sont d'autant plus concluans que les consommateurs les plus riches, ceux qui regar-

paie des droits quadruples de ceux qui frappent le reste de la France, taux moyen ; Paris taxé à 11 fr. 55 c. de droit d'octroi par hectolitre, plus 8 fr. 80 c. de droit d'entrée, total 20 fr. 35 c., ou en d'autres termes 50 à 75 p. 0/0 de la valeur de certains vins, et 150 p. 0/0 de la valeur de certains autres ! Le travailleur qui consommerait régulièrement un litre de vin par jour, et il est prouvé que cette quantité est nécessaire pour lui donner la force de travailler avec fruit, paierait ainsi un impôt annuel de 74 fr. 27 c., ce qui, joint à la somme d'achat, forme une dépense hors de proportion avec le taux moyen des salaires. Indépendamment donc des autres intérêts gravement compromis par ces faits, l'intérêt commercial est visiblement affecté, le commerce est jeté dans des voies anormales et s'agite sans cesse dans des crises rui-

dent moins au prix du vin, habitent la cité lyonnaise. Voici la démonstration.

	Quot. du droit.	Consom. p. hab.
La Croix-Rousse. .	» fr. 85 c. .	281 litres.
La Guillotière. . .	1 25 .	259
Vaise	1 60 .	235
Lyon	5 50 .	152

D'autres chiffres viennent corroborer ceux-là, qu'on pourrait être tenté de croire fortuits, et résultats accidentels de mœurs ou de besoins locaux.

		Quot. du droit.	Consom. p. hab.
	Paris	20 35 .	115 litres.
Dép. de l'Aisne.	Soissons	1 55 .	204
	Laon	2 35 .	130
	Saint-Quentin . .	6 » .	34

Cela est-il assez clair ? Pourquoi donc alors résister avec tant d'opiniâtreté au vœu public et aux démonstrations arithmétiques, si bien d'accord avec les vrais intérêts du trésor, du commerce, des communes, des consommateurs ?

neuses. Que de tracasseries, de querelles, de procès ! que de fatigantes formalités ! quelles montagnes de paperasses ! que de temps perdu aux barrières, en courses, en réclamations !

Les difficultés du jaugeage viennent s'ajouter à toutes les tribulations du commerce. La capacité des vases vinaires varie dans nos vignobles jusqu'à l'absurde. Non-seulement chaque localité fabrique ses fûts suivant ses vieilles habitudes, mais encore chaque tonnelier a sa mesure à lui, et il la reproduit, sa vie durant, avec la plus imperturbable uniformité, en sorte que le consommateur ne sait jamais ce qu'il achète, et que le commerçant ne le sait qu'à-peu-près. Le fisc, plus prudent et meilleur mathématicien, *mesure ;* et Dieu sait l'armée de commis, les pertes de temps, les erreurs ! On a proposé le moyen très simple de remplacer ce mode par la pesanteur calculée sur le déplacement de l'eau. La pesanteur spécifique du vin étant donnée, rien ne serait plus facile et plus rapide. Mais on ne peut espérer de long-temps encore une substitution aussi favorable au commerce sans être nuisible au trésor, et il faut se borner à demander que la loi sur les mesures métriques soit appliquée rigoureusement à la tonnellerie.

Un autre fléau commercial qui pèse sur ce grand centre de consommation appelé Paris, c'est l'assimilation étrange faite par le fisc, de la *bouteille,* vieux vase de contenance capricieuse, dont le nom et l'usage, entrés profondément dans les mœurs populaires, sont peut-être impérissables; cette assimilation de la bouteille au litre, de la demi-bouteille au demi-litre, est au moins déraisonnable, car la différence est de 12 à 15 p. 0/0. Déjà, l'hectolitre en bouteilles paie 8 fr. 30 c. de plus que l'hectolitre en cercles, moyen, dit-on, d'atteindre les vins de prix, et qui n'atteint rien du tout comme on va le voir. C'est ainsi que les vins de Bordeaux expédiés à Paris dans le verre, paient le double du vin en cercle, ce qui nuit beaucoup au commerce de Bordeaux déjà fort maltraité sur d'autres points. Une seule pièce de Bordeaux expédiée en bouteilles paie autant de fret que *quatre pièces en cercle !* Les verriers sont privés de vendre, les ouvriers et emballeurs perdent un travail lucratif, les marchands manquent l'écoulement de leurs bois et planches. Ajoutons qu'en chemin les bouteilles demeureraient intactes, tandis que les fûts paient un droit fréquent aux friponneries des voituriers. Veut-on savoir le beau profit que cette mesure tracassière donne au Trésor ? Le Trésor perçoit *une centaine de mille francs* au plus sur les vins en bouteilles, tandis qu'il compte *par millions* quand il s'agit des vins en cercle. Cette pauvre recette ne compense pas à beaucoup près les pertes énormes et de toute nature qu'elle fait peser sur le commerce.

Progression des droits sur les vins à Paris depuis l'an VII.

	En cercles. Hectol.		En bout. Hectol.	
27 vendémiaire an VII. Création de l'octroi. . . .	5 f.	5o c.	5 f.	5o c.
Novembre 1799.	6	6o	6	6o
22 août 1802, augment. pour le canal de l'Ourcq.	7	85	7	85
21 sept. 1803, remplacement de l'impôt mobilier.	13	5o	16	»
4 mars 1806, pour le pavé de Paris	16	6o	16	5o
24 avril 1806, nouveau droit du Trésor.	17	5o	20	»
25 nov. 1808.	19	5o	22	»
10 fév. 1811, embellissement de Paris	21	»	26	»
5 janv. 1813.	23	»	26	»
16 août 1815	27	»	28	6o
29 déc. 1815, diminution des droits du Trésor . .	24	5o	25	6o
28 avril 1816, augmentation *id.* *id.*	28	o5	34	10
25 mars 1817.	3o	8o	34	10
18 août 1817.	28	o5	34	10
23 déc. 1818.	29	4o	34	10
31 déc. 1822.	23	10	33	»
1 janv. 1831.	17	6o	17	6o
17 août 1832.	20	35	28	6o

Quelle législation fiscale fut jamais plus capricieuse et plus tourmentée? Quelle absence de principes économiques elle révèle! Les motifs d'augmentation sont véritablement curieux.

On trouvera dans les divers manuels qui ont été publiés sur le commerce des vins, les tables de calculs pour le jaugeage, aussi bien que les mille dispositions légales, toutes plus ou moins minutieuses et tracassières qui régissent les variétés de commerçans en vins. Cette législation confuse s'est formée d'ordonnances ministérielles successives et d'arrêtés de préfectures qui se croisent à l'infini et souvent se contredisent.

Résumons en peu de mots la pensée qui nous a guidés dans la rédaction de cet article.

La France est un pays essentiellement vinicole; ses

sables, ses déserts, ses crêtes de montagnes, ses ro-
chers même ont été convertis en vignobles qui donnent les produits les plus délicats et les plus parfumés du monde; d'une légèreté, surtout, qui les rend
inoffensifs, et les fait rechercher sur tout le globe.
Leur prix variant de 10 à 100 fr. l'hectolitre, peut
être compté en moyenne à 17 fr., eu égard aux proportions qu'occupe chaque qualité relativement aux
autres. La valeur totale s'élèverait donc sur ce prix à
600,000,000 de fr., valeur que la fécondité spéciale
du sol serait capable de doubler, si de plus larges
débouchés s'ouvraient à une production aussi splen-
dide.

Cependant cette production est en souffrance, et
le commerce auquel elle donne lieu est gêné et ré-
tréci.

Les causes de cet état fâcheux sont multiples, et
réagissent les unes sur les autres.

Au-dessus de l'opinion publique toujours fortement prononcée à cet égard, l'opinion des économistes, des hommes d'État les plus habiles s'élève
contre l'exagération des taxes qui pèsent sur la production et le commerce des vins. Le mode de perception est vexatoire à un tel point, que tout autre produit de constitution moins robuste eût été étouffé
depuis long-temps, si on l'eût assujettit au même régime financier.

Le système dit protecteur, en repoussant les produits industriels des nations alliées, ne leur a pas
permis d'acheter nos vins et spiritueux qu'elles ne

pouvaient payer qu'avec leurs produits, ou avec le numéraire qu'elles achètent et ne peuvent acheter qu'avec ces mêmes produits de leur industrie locale. Elles ont fini par contracter d'autres habitudes; elles se sont fait de misérables boissons, ou bien, elles ont créé des vignobles où jamais on n'eût songé à cultiver la vigne.

La France ne développant point sa richesse naturelle s'est jetée dans des voies d'industrie peu sûres et fécondes en crises ruineuses.

L'industrie des fabrications vineuses a fait de déplorables progrès aux dépens de la santé publique. Le vin vrai et pur, le vin nécessaire à l'homme qui travaille, est à la portée seulement des familles aisées; les femmes, les enfans du peuple n'en boivent point; les ouvriers se dérangent de leurs travaux pour en boire irrégulièrement, et privent le trésor de recettes certaines en se livrant hors barrière à cette consommation transformée en débauche.

Quelle conclusion tirer de ces faits dont la certitude est si clairement établie, que leur seule énonciation ressemble à des lieux communs?

1° Simplifier l'impôt, l'abaisser, le réduire graduellement et avec prudence, pour faire rentrer la consommation dans son état normal.

2° Adopter les principes d'une politique commerciale plus large et plus libérale; ouvrir graduellement le marché national à nos alliés, pour qu'ils nous ouvrent le leur, corrélation de causes et d'effets que l'ignorance ou les préventions de bonne foi peuvent nier, mais qui est d'une certitude logique aussi démontrée que vérité peut l'être.

Alors, et seulement alors, l'industrie et le commerce des vins reprendront une marche prospère et progressive, au grand profit de la richesse nationale, de la santé et de la morale publiques.

DES GRANDS VINS DE BORDEAUX EN PARTICULIER.

(DÉTAILS TOPOGRAPHIQUES.)

La connaissance des vins précieux que possède *la France* et des lieux qui les produisent est tellement peu répandue *en France* que la majeure partie des consommateurs et même des marchands commettent chaque jour des fautes grossières sur les qualités des vins et sur les crus d'où ils viennent. C'est à tel point que les étrangers, beaucoup mieux instruits que nous-mêmes des richesses de notre sol, sont surpris de l'ignorance extraordinaire dans laquelle nous sommes à ce sujet, qu'ils se défient et sont souvent tentés de croire qu'on les trompe en leur offrant de certains vins. Ainsi, par exemple, il n'est pas rare d'entendre citer les vins de Beaune, de Saint-Julien, de Médoc, etc., comme si ces noms étaient ceux de clos particuliers ; tandis que Beaune est un chef-lieu d'arrondissement du département de la Côte-d'Or (Bourgogne), Saint-Julien, une commune du Médoc, et enfin le Médoc, une contrée qui renferme près de deux arrondissemens du département de la Gironde et produit des vins de toute qualité.

Une erreur pareille a lieu aussi pour les années, comme si le même cru produisait toujours d'excellens vins. Et pourtant quelle différence d'une année à l'autre pour les meilleurs crus !.. Donnons un seul exemple : A la fin de 1831, les vins de *Léoville*, récolte de 1829, furent vendus à raison de 350 fr. le tonneau, pendant qu'à la même époque ceux de la récolte de 1831 se vendaient 2,400 fr. le tonneau, et il en fut de même pour tous les grands Bordeaux.

Ces réflexions m'amènent à conseiller à ceux qui veulent faire des approvisionnemens de vins, de se rendre bien compte du cru d'où proviennent les vins et de quelle année ils sont ; ce qui nécessite de la part du vendeur beaucoup de probité et de la part de l'acheteur une confiance d'autant plus grande que souvent il est presque impossible de juger à la dégustation ce que deviendront certains vins ; il en est qui alors paraissent fort bons et très agréables et qui, mis en bouteilles, loin de s'améliorer, deviennent inférieurs et quelquefois se gâtent complétement ; ce sont surtout les vins frelatés, sophistiqués, tandis que d'autres, qui paraissent encore durs et peu agréables, tournent parfaitement et deviennent délicieux après quelques années de bouteille.

« D'après ces courtes observations, il est évident que l'on ne saurait mettre trop de soins, trop de prudence dans le choix de son fournisseur de vins, puisqu'il faut avoir en lui une confiance à-peu-près illimitée ; l'avenir du vin dépendant tout-à-fait de son origine et de l'année qui l'a produit, deux qualités que la dégustation ne peut souvent faire apprécier.

« Comme je ne veux parler avec quelque détail que des grands vins de Bordeaux, je dirai ici une fois pour toutes aux amateurs que les vins de *Graves*, qui entourent Bordeaux, ceux de *Bourg*, une partie de ceux des environs de *Libourne* et surtout les vins communs du *Médoc*, leur fourniront de bons ordinaires.

« Nous passons donc immédiatement aux vins que l'on appelle dans le commerce *vins classés*. Ils sont récoltés sur la rive gauche de la Garonne et de la Gironde, dans le Médoc. Cette rive, dit l'excellent *Guide du voyageur à Bordeaux*, plantée en vignes si justement célèbres, n'a pas, en général, plus d'un quart de lieue de largeur ; à cette distance de la rivière, on ne trouve plus que des landes incultes ou des vignes sans qualité, de sorte qu'à deux pas du terrain le plus précieux on se trouve dans un désert inhabité.

« Il y a cela de remarquable, qu'en partant de Bordeaux et en descendant le fleuve, il semble que la qualité des vins aille en augmentant depuis Blanquefort jusqu'à Margaux ; là elle s'arrête pour recommencer à Saint-Julien, qui en est éloigné de plus de deux lieues et se continue jusqu'à Saint-Seurin-de-Cadourne, où l'on ne trouve plus que des vins sans distinction.

« On peut juger, d'après cela, que, quoique les vins fins soient répartis en classes, comme on n'a pu les assimiler que parce qu'on les paie le même prix, ce serait une erreur de croire que les vins de la même classe ont toujours un goût, une sève semblables ; car, comme il y a dans chaque classe des vins de différentes communes, ils ont, chacun, les qualités distinctives de la commune où ils sont récoltés.

« La première commune de Médoc est celle de *Blanquefort*. Les vins commencent à s'améliorer ; ils sont supérieurs aux Graves de Bordeaux, mais ils n'approchent pas de la sève du Médoc ; il n'y a dans cette commune aucun cru classé.

« Vient ensuite la commune de *Ludon* dont les vins sont sensiblement supérieurs à celle de Blanquefort (on ne parle que de ceux venus dans la partie graveleuse de cette commune) ; on y trouve le *crû de la Lagune*, classé comme les premiers 4mes, et le *Château-de-Pommiers*, renommé en Hollande.

« La commune de *Macau*, dont la plus grande partie est en palus, n'offre que le cru de *Cantemerle*.

« Quoique plusieurs vins de cette commune aient une réputation en Hollande, ils se vendent cependant toujours au-dessous de la quatrième classe.

« La commune de *Labarde* suit la progression ascendante ; on y trouve *Giscours*, troisième cru, et plusieurs autres qui vendent au-dessus des propriétés de Ludon et de Macau.

« *Cantenac* et *Margaux* vont de pair ; ce sont les meilleures communes ; les vignes n'y produisent presque rien ; mais c'est sans contredit le vin le plus délicat, le plus suave du département; on y voudrait seulement un peu plus de force et de vinosité.

« Le *Château-Margaux* et *Rauzan*, plusieurs seconds crus, et un grand nombre de troisièmes, prouvent la supériorité du sol de ces deux communes.

« Les plus petites propriétés sont presque toutes placées parmi les vins fins; les paysans mêmes qui sont ordinairement au-dessous des propriétaires, vendent à Margaux aussi cher et souvent plus cher que les grands propriétaires de Ludon et de Macau.

« Après Margaux, il y a une interruption et tout-à-coup les vins déclinent.

« La commune de *Soussans* ne vaut pas mieux que celle de Ludon; les vins y sont plus durs et n'ont pas ce bouquet distinctif; cependant les propriétés de M. le marquis d'Aligre et le bien du *Paveils-Bretonneau* sont élevés. Celui de Mme de Mons des Dunes est aussi fort apprécié.

« La commune d'*Aveins* n'offre pas un cru à citer; les vins y sont sans bouquet et sans finesse, ainsi qu'à Lamarque et à Cussac; il se trouve dans cette dernière commune des vignes dont la qualité se rapporte à celles de Saint-Julien, dont elles sont pourtant séparées par un vaste marais; ce sont celles de M. Phélan à *Sainte-Géme* et de M. Delbos à *Lanessan*.

« A *Saint-Julien* recommence la terre privilégiée qui produit des vins supérieurs. Ceux-ci ont peut-être un peu moins de délicatesse que ceux de Margaux, mais ils ne leur cèdent rien en bouquet, en arome, en agrément, et ils ont plus de force et de plénitude.

« Ici comme à Margaux, toutes les propriétés sont classées : 3 second cru, 3 troisièmes et plusieurs quatrièmes, attestent la supériorité de ces vignobles.

« *Saint-Lambert* et *Pauillac* touchent à Saint-Julien ; on y remarque deux premiers crus : *Laffitte* et *Latour* ; deux seconds : *Mouton* et *Pichon-Longueville.*

« Les autres vignobles sont un peu inférieurs à ceux de Saint-Julien ; aussi en forme-t-on une classe à part à laquelle on assimile quelques propriétés de Saint-Julien, de Labarde et de Margaux.

« Enfin, *Saint-Estèphe*, quoique possédant des crus distingués, offre des vins qui, en général, ont moins de richesse qu'à Pauillac.

« On y trouve *Cos-Destournel* qui est second cru, Calon et Monrose dans les troisièmes, trois ou quatre autres grandes propriétés dont les vins sont assimilés à ceux de Pauillac ; mais les autres de la commune se vendent un peu au-dessous.

« On voit, d'après cet aperçu, que des vins de la même classe sont situés dans des communes parfois éloignées ; qu'aussi ils doivent être fort différens entre eux ; on en douterait encore moins si l'on était à même de se convaincre que même dans les mêmes communes, les propriétés limitrophes recueillent des vins qui souvent ont fort peu de rapports entre eux. Quoi qu'il en soit, on a choisi dans chaque commune les vins qui, autant que possible, devaient se payer le même prix et c'est ainsi que se sont formées les classes.

Il serait impossible, dans une classification des grands vins de Bordeaux, de donner une nomenclature complète; car autour des crus qui sont incontestablement les premiers, il s'en groupe une multitude d'autres qui en approchent plus ou moins. Il nous suffit d'accepter les vins classés qui se répartissent en quatre catégories, avec une différence de prix qui est de la moitié, entre les premiers et les quatrièmes.

Les grands vins de Bordeaux ont donc été classés par les connaisseurs et par le commerce en premiers, deuxièmes, troisièmes et quatrièmes crus; il ne faut cependant pas croire pour cela que tous les vins faisant partie de l'une de ces catégories se ressemblent. Loin de là : entre les vins de la même classe, il y a souvent une différence très grande; ainsi, par exemple, entre le Laffitte et le Haut-Brion, le Château-Margaux et le Latour, aucune de ces similitudes que ferait supposer leur rapprochement. Ces quatre grands crus, les premiers des vignobles du département de la Gironde, produisent des vins, on peut le dire, tout-à-fait différens les uns des autres; chacun d'eux a des qualités soit sous le rapport de la robe ou de l'arome, qui le font préférer aux autres suivant le goût des amateurs; mais tous les quatre réunissent au plus haut degré à un bouquet, un arome des plus délicieux et des plus variés, un corps et une couleur admirables. Il serait fort difficile, pour ne par dire impossible, d'expliquer le bouquet de ces vins, qui est d'une finesse exquise et dans lequel on croit reconnaître quelquefois une alliance de la violette à la framboise et autres parfums qu'on ne peut bien définir.

La différence entre les premiers et seconds crus n'est pas toujours très tranchée ; il faut être connaisseur et habitué à ces vins pour la reconnaître. Il y a des années où il arrive que quelques seconds crus bien réussis sont préférés à un premier qui n'a pas été aussi heureux. Il suffit pour cela qu'un vin ait été récolté quelques jours trop tôt ou trop tard, pendant un temps sec et beau ou un temps pluvieux, ou enfin qu'on l'ait laissé trop cuver, ou pas assez. D'après ces données, il est évident que par suite des années et des soins donnés plus ou moins à propos, les vins d'un même cru diffèrent entre eux d'une manière extraordinaire.

TABLE DES MATIÈRES.